Gopal Suresh
Subramanian Kumaran
Kuppuswamy Kavitha

Workshop sobre Microbiologia de Diagnóstico em colaboração com a Himedia

Gopal Suresh
Subramanian Kumaran
Kuppuswamy Kavitha

Workshop sobre Microbiologia de Diagnóstico em colaboração com a Himedia

ScienciaScripts

Imprint

Cover image: www.ingimage.com

This book is a translation from the original published under ISBN 978-620-2-08138-2.

Publisher:
Sciencia Scripts
is a trademark of
Dodo Books Indian Ocean Ltd. and OmniScriptum S.R.L publishing group

120 High Road, East Finchley, London, N2 9ED, United Kingdom
Str. Armeneasca 28/1, office 1, Chisinau MD-2012, Republic of Moldova, Europe
Printed at: see last page
ISBN: 978-620-8-10270-8

ÍNDICE DE CONTEÚDOS

1. TESTE DE SUSCEPTIBILIDADE ANTIMICROBIANA - MÉTODO DE DIFUSÃO EM DISCO DE KIRBY-BAUER

Utilização prevista

Este método de teste de suscetibilidade destina-se à determinação qualitativa da suscetibilidade antimicrobiana de microrganismos como Susceptíveis (S), Intermédios (I) ou Resistentes (R) através do método de difusão em disco de Kirby-Bauer.

O disco é revestido com uma concentração específica de agente antimicrobiano.

Princípio

O princípio de funcionamento do disco de teste de suscetibilidade baseia-se na difusão do agente antimicrobiano em simultâneo com o crescimento microbiano num meio de ágar. O agente antimicrobiano difunde-se do disco para o ágar e cria um gradiente de concentração dinamicamente decrescente a partir do disco, que inibe a multiplicação bacteriana a uma determinada distância e cria a zona de inibição (ZOI) após a incubação. A difusão em disco é o método mais simples, altamente flexível, económico e amplamente utilizado para o teste de suscetibilidade antimicrobiana.

Com o método de difusão em disco, a ZOI é entendida como a inibição do crescimento microbiano à volta do disco antimicrobiano, medida em milímetros de diâmetro.

Armazenamento do disco do teste de suscetibilidade

Todas as embalagens devem ser armazenadas à temperatura ambiente controlada (18-22 °C), num frigorífico (4-8 °C) ou num congelador (< - 20 °C), conforme especificado no rótulo do produto, até à data de validade indicada. Uma vez aberta a embalagem, os discos devem ser transferidos para um recipiente hermético à prova de humidade, juntamente com o dessecante, e armazenados à temperatura indicada no rótulo ou a < -20 °C. A data de validade mencionada no rótulo aplica-se apenas a discos em embalagens intactas e não abertas, armazenados de acordo com as instruções. Os discos de embalagens abertas armazenados conforme indicado acima podem ser utilizados desde que apresentem os tamanhos de zona corretos com as estirpes de controlo adequadas.

Nota: A humidade tem um elevado nível de efeito prejudicial na qualidade do desempenho do disco de teste de suscetibilidade antimicrobiana.

Manuseamento do disco do teste de suscetibilidade

Certifique-se de que a embalagem está intacta antes de a abrir/utilizar. Abrir a embalagem através do entalhe de rasgar e transferir o disco para o recipiente de armazenamento acima mencionado.

Deixar sempre a embalagem ou o recipiente de armazenagem em uso atingir a temperatura ambiente e esperar até à evaporação completa da água condensada nas superfícies da embalagem/recipiente. Manusear os discos com pinças limpas e agulha de seringa, consoante a conveniência.

Procedimento

1. Selecionar duas ou três colónias morfologicamente semelhantes, de preferência a partir do meio de cultura não seletivo.
2. Inocular solução salina normal
3. Ajustar a turvação às normas de 0,5 McFarland
4. Nos 15 minutos seguintes à preparação do inóculo, preparar uma cultura de relva em ágar Mueller Hinton (MHA).
5. Nos 15 minutos seguintes à inoculação, colocar cuidadosamente os discos do teste de suscetibilidade antimicrobiana à distância adequada (utilizar um modelo) na superfície do ágar; podem ser colocados até 6 discos numa placa com um diâmetro de 90 mm e até 12 discos numa placa com um diâmetro de 150 mm.
6. Não ajustar a posição do disco depois de este ter entrado em contacto com o meio.
7. Incubar as placas de cultura numa posição invertida a 35 ± **2°C**.
8. Salvo indicação específica, ler sempre os resultados entre 16-18 horas de incubação (para todos os organismos não fastidiosos).

Ler a ZOI

Após a incubação, ler o diâmetro da ZOI à volta de cada disco antimicrobiano utilizando uma escala milimétrica a partir da parte de trás da placa, utilizando luz reflectida/transmitida.

Repetir o teste em caso de contaminação, demasiado leve ou demasiado pesado ou inóculo/crescimento desigual.

A leitura da ZOI é geralmente inequívoca; no entanto, devem ser seguidas as seguintes regras de leitura.

1. Quando houver uma ZOI dupla ou uma borda de zona difusa para um disco individual, medir a zona mais interna.
2. Se houver uma zona com colónias internas, medir a zona livre de colónias.
3. Para trimetoprim/sulfametoxazol, ler ZOI a 80% de inibição do crescimento.
4. Quando não há ZOI, ou seja, o crescimento ocorre ao longo da borda do disco, leia como 6 mm.
5. Ignorar a hemólise e o crescimento de enxames para ler o ZOI.
6. Ao testar com MHA com 5% de sangue, remover a tampa e medir o ZOI a partir da vista superior da placa.

Interpretação dos resultados

Utilizar os últimos pontos de rutura de suscetibilidade CLSI M100 ou EUCAST disponíveis para a interpretação das leituras ZOI.

Para cada disco antimicrobiano, quando a ZOI observada for superior ou inferior ao ponto de rutura, interpretar o isolado como

Suscetível ou resistente, respetivamente; se se situar no intervalo dos pontos de rutura, interpretar como Intermédio.

Controlo de qualidade

O disco de suscetibilidade e o procedimento de teste são considerados satisfatórios quando os valores de ZOI observados se situam dentro do intervalo de controlo de qualidade (CQ) aceitável fornecido para estirpes padrão (por exemplo, intervalo de CQ do disco de amicacina 30 gg: 19 - 26 mm para *Escherichia coli* ATCC 25922*);* Consultar CLSI M100 ou EUCAST para obter a lista completa de intervalos de CQ. Não comunicar os resultados dos doentes em caso de falha do CQ.

Nota: Os resultados dos testes de suscetibilidade *in vitro* podem fornecer uma indicação da possível suscetibilidade *in vivo* do organismo.

No entanto, a utilização destes resultados para escolher a terapêutica deve ser da exclusiva decisão e responsabilidade do médico assistente, que deve escolher com base na experiência clínica, no historial do doente e no conhecimento da farmacocinética/farmacodinâmica do agente antimicrobiano.

Referências

1. Bauer AW., et al., Antibiotic susceptibility testing by a standardized single disk method. Am J Clin Pathol, 1966; 45:493-496.
2. Comité de Peritos em Normalização Biológica da Organização Mundial de Saúde. Relatório técnico série 673. OMS, Genebra, 1982.
3. CLSI. Performance Standards for Antimicrobial Disk Susceptibility Tests; Approved Standard - Eleventh Edition (Normas de desempenho para testes de suscetibilidade de discos antimicrobianos; Norma aprovada - Décima primeira edição). Instituto de Normas Clínicas e Laboratoriais, EUA. 2012; documento CLSI M02-A11.
4. CLSI. Performance Standards for Antimicrobial Susceptibility Testing; Twenty Seventh Editions (Normas de desempenho para testes de suscetibilidade antimicrobiana; vigésima sétima edição). Instituto de Normas Clínicas e Laboratoriais, EUA. 2017; suplemento M100 do CLSI.

5. Comité Europeu para o Teste de Suscetibilidade Antimicrobiana (EUCAST). http://www.eucast.org/ (Acedido em 19-Aug-2017)

2. TESTE DE SUSCEPTIBILIDADE ANTIMICROBIANA - MÉTODOS DE DILUIÇÃO EM ÁGAR E DILUIÇÃO EM CALDO

1. Método de diluição em ágar

Determinar a Concentração Inibitória Mínima (CIM) do antimicrobiano utilizando uma série de placas de cultura, cada uma das quais contendo uma concentração crescente de antibiótico.

Preparação de soluções de reserva de antibióticos

Soluções de stock de antibióticos preparadas como,

Peso (mg) = Volume (ml) x concentração (gg/ml) / Potência do ensaio (gg/mg) Por exemplo, a potência dos antibióticos carbapenemes é de 881 gg/mg, 934 gg/mg, 930 gg/mg e 980 gg/mg, respetivamente, para ETP, IPM, MEM e DOR. Todos os antibióticos são preparados para 50 ml de solução-mãe com uma concentração **de** 1000 g/ml, ou seja, **1 mg/ml**, da seguinte forma

ETP = 50 x 1000 / 881 = 57 mg IPM = 50 x 1000 / 934 = 54 mg

MEM = 50 x 1000 / 930 = 54 mg DOR = 50 x 1000 / 980 = 51 mg

Utilizar solvente e diluente adequados para preparar a solução-mãe. As soluções-mãe de antibióticos podem ser divididas em alíquotas e conservadas a -80°C até à sua utilização; caso contrário, devem ser utilizadas no mesmo dia da sua preparação.

Preparação de placas de diluição em ágar para AST

Preparar o ágar Mueller-Hinton por autoclavagem a 121°C durante 15 minutos. Em seguida, retirar uma alíquota de solução-mãe de antibiótico do congelador a -80°C e deixar à temperatura ambiente para descongelar. Em seguida, preparar placas MHA com diluição dupla de antibióticos para a concentração que varia de 0,016 a 64 g/ml (ou conforme necessário), conforme descrito na Tabela. Colocar o volume especificado da solução-mãe de antibiótico num tubo de centrifugação de 50 ml e, em seguida, completar o volume até 25 ml com MHA fundido; misturar bem invertendo o tubo duas a três vezes. Em seguida, verter o meio para uma placa de Petri estéril (90 mm de diâmetro) rotulada (nome do antibiótico, concentração e orientação da placa) e deixar solidificar. Após a solidificação, secar a superfície do ágar e utilizá-lo no mesmo dia da preparação ou conservar a uma temperatura de 2 a 8°C durante um máximo de cinco dias

Tabela. Diluição de antibióticos para diluição em ágar AST

Stock Solution	µl from Stock Solution	Antibiotic (µg) / 25 ml of MHA	Final Antibiotic Concentration (µg) / ml of MHA
1000 µg/ml (A)	1600	1600	64
	800	800	32
	400	400	16
	200	200	8
100 µg/ml (B) (B = 1 ml from A + 9 ml diluent)	1000	100	4
	500	50	2
	250	25	1
	125	12.5	0.5
10 µg/ml (C) (C = 1 ml from B + 9 ml diluent)	625	6.25	0.25
	313	3.125	0.125
	156	1.56	0.064
	78	0.78	0.032
	39	0.39	0.016

Nota: Escolha o intervalo de concentração de acordo com as suas necessidades.

Inoculação de placas AST de diluição em ágar

Está disponível um inoculador ou replicador multiponto económico para efeitos de inoculações repetitivas de múltiplas estirpes em várias placas de cultura. Inocular ~104 células da bactéria de ensaio em cada diluição e controlo (colocar também uma placa para controlo da esterilidade). Incluir as estirpes de controlo de qualidade necessárias com um valor de CIM conhecido para garantir os parâmetros de potência e desempenho.

Incubação e leitura dos resultados

Todas as placas de diluição em ágar inoculadas devem secar a sua superfície em fluxo de ar laminar e depois incubá-las invertidas a 35°C durante 18 horas. Após a incubação, examinar as placas de diluição em ágar para determinar a CIM.

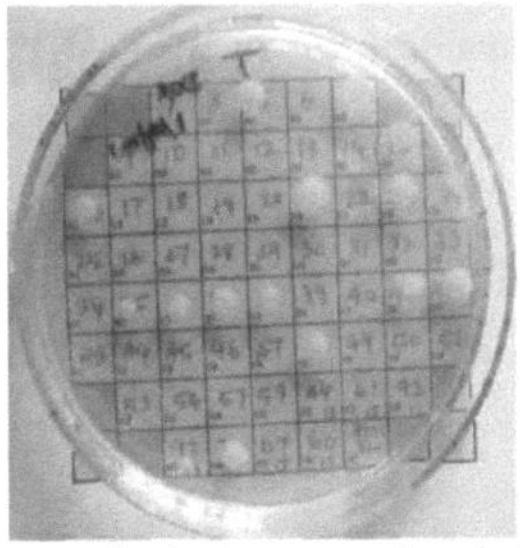

Figura: Placa de diluição em ágar contendo doripenem a 1 pg/ml. Os isolados inibidos por esta placa de diluição, mas não a 0,5 pg/ml, são definidos como tendo a CIM de 1 pg/ml.
Os isolados cultivados nesta placa de cultura têm uma CIM de >1 pg/ml e não são suscetível ao doripenem.

2. Determinação da CIM pelo método de microdiluição em caldo

A microdiluição em caldo (BMD) é um método de referência internacional para AST, reconhecido pela norma ISO 20776-1 para determinar a CIM de um antibiótico.

Preparação de placas de microdiluição em caldo

Pegar em duas placas de microtitulação estéreis e colocá-las em paralelo para obter 12 colunas com 16 poços cada. Carregar cada um dos poços das placas de microtitulação com 100 pl de caldo Mueller-Hinton ajustado aos catiões (CAMHB). De seguida, adicionar 90 pl de CAMHB aos primeiros poços de cada coluna. Em seguida, adicionar 10 pl (6,4 pg) de solução de trabalho de antibiótico aos primeiros poços de cada coluna para obter uma concentração final de antibiótico de 32 pg/ml, *ou seja,* 3,2 pg/100 pl [Preparar a solução de trabalho de antibiótico (640 pg/ml) diluindo 640 pl de solução-mãe (1 mg/ml) com 360 pl de CAMHB]. Em seguida, diluir em série 100 pl do primeiro poço de cada coluna para o poço subsequente até ao 14.º poço para obter uma diluição dupla de 32 a 0,004 pg/ml. Definir 15th e 16.º alvéolos de cada coluna como controlo de crescimento e controlo de esterilidade MHB, respetivamente. Utilizar todas as placas de microdiluição no mesmo dia da preparação ou conservar a -80°C até ser necessário.

Preparação do inóculo e inoculação

Após a preparação das placas BMD, o inóculo da bactéria de ensaio pode ser preparado da seguinte forma: retirar 2 -3 colónias do isolado de ensaio recentemente subcultivado e suspendê-las em solução salina e ajustar a turvação a 0,5 McFarland por suspensão direta das colónias. Em seguida, tomar 100 pl de suspensão e diluir em 2 ml de solução salina para obter uma diluição de 1:20 (~5^x 106 CFU/ml). Em seguida, 10 ці (~5 x 104 CFU/poço ou 5 x 105 CFU/mL) da suspensão diluída podem ser inoculados em todos os poços da **coluna única** na placa de microtitulação, exceto no 16.º poço.

Incluir as estirpes de controlo de qualidade necessárias com valor de CIM conhecido para garantir a potência e os parâmetros de desempenho.

Determinação da CIM

Selar a placa de microtitulação inoculada com um selador transparente e incubar a 35°C durante 18 horas. Após a incubação, a CIM pode ser determinada como a concentração mais baixa de antibiótico que inibe a multiplicação bacteriana, ou seja, pela ausência de botão como sedimentação no fundo do poço de microtitulação.

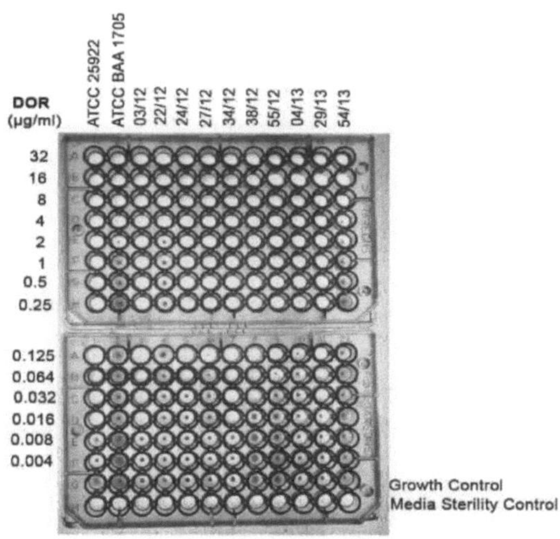

Figura: Placa de microdiluição em caldo contendo diluição de doripenem variando de 32 pg/ml a 0,004 pg/ml. Por exemplo, a CIM é observada como 0,016 pg/ml para ATCC 25922.

3. Determinação da CIM pelo método de diluição em caldo

1. Utilizar tubos de ensaio esterilizados de 13 x 100 mm para efetuar o teste. Se os tubos se destinarem a ser guardados para utilização posterior, certifique-se de que podem ser congelados.
2. Fechar os tubos com tampas de rosca soltas, tampas de plástico ou de metal, ou tampões de algodão.
3. Utilizar um tubo de controlo de crescimento contendo caldo sem agente antimicrobiano para cada organismo testado.
4. Preparar as diluições duplas finais (ou outras) do agente antimicrobiano volumetricamente no caldo, como indicado na Tabela. Para o teste, é necessário um volume final mínimo de 1 ml de cada

diluição. Utilizar uma pipeta para medir todos os diluentes e, em seguida, para adicionar a solução antimicrobiana de reserva ao primeiro tubo. Para cada etapa de diluição subsequente, utilizar uma nova pipeta.

Tabela. Diluição de antibióticos para diluição em caldo AST

Antimicrobial Solution								
Step	Concentration (µg/mL)	Source	Volume[a] (mL)	+	CAMHB[b] Volume[a] (mL)	=	Final Concentration (µg/mL)	Log2
1	5120	Stock	1		9		512	9
2	512	Step 1	1		1		256	8
3	512	Step 1	1		3		128	7
4	512	Step 1	1		7		64	6
5	64	Step 4	1		1		32	5
6	64	Step 4	1		3		16	4
7	64	Step 4	1		7		8	3
8	8	Step 7	1		1		4	2
9	8	Step 7	1		3		2	1
10	8	Step 7	1		7		1	0
11	1	Step 10	1		1		0.5	−1
12	1	Step 10	1		3		0.25	−2
13	1	Step 10	1		7		0.125	−3

Abbreviation: CAMHB, cation-adjusted Mueller-Hinton broth.

5. Utilizar os tubos no dia da preparação ou colocá-los imediatamente num congelador a < -20°C (de preferência a < -60°C) até serem necessários. Embora os agentes antimicrobianos nos tubos congelados permaneçam geralmente estáveis durante vários meses, alguns agentes (por exemplo, ácido clavulânico e imipenem) são mais lábeis do que outros e devem ser armazenados a < -60°C. Não armazenar os tubos num congelador com descongelação automática. As soluções antimicrobianas descongeladas não devem ser recongeladas; os ciclos repetidos de congelação-descongelação aceleram a degradação de alguns agentes antimicrobianos, particularmente os P-lactâmicos.

Preparação do inóculo e inoculação

1. Preparar um inóculo normalizado de 0,5 McFarland por suspensão direta de colónias.
2. Idealmente dentro de 15 minutos após a preparação, diluir a suspensão de inóculo ajustada em caldo de modo a que, após a inoculação, cada tubo contenha aproximadamente 5 x 105 CFU/mL. Isto pode ser conseguido diluindo as suspensões de 0,5 McFarland para 1:150, resultando num tubo com aproximadamente 1 x 106 CFU/mL. (Nota: A diluição subsequente de 1:2 na etapa 3 eleva o inóculo final para 5 x 105 UFC/mL).
3. No prazo de 15 minutos após o inóculo ter sido padronizado conforme descrito acima, adicionar 1 mL do inóculo ajustado a cada tubo contendo 1 mL de agente antimicrobiano na série de diluição (e um tubo de controlo positivo contendo apenas caldo) e misturar. Isto resulta numa diluição 1:2 de cada concentração antimicrobiana e numa diluição 1:2 do inóculo. É aconselhável efetuar uma

verificação da pureza da suspensão do inóculo através da subcultura de uma alíquota numa placa de ágar não selectiva para incubação simultânea. Seguir todos os outros parâmetros iguais ou semelhantes aos do método de microdiluição em caldo.

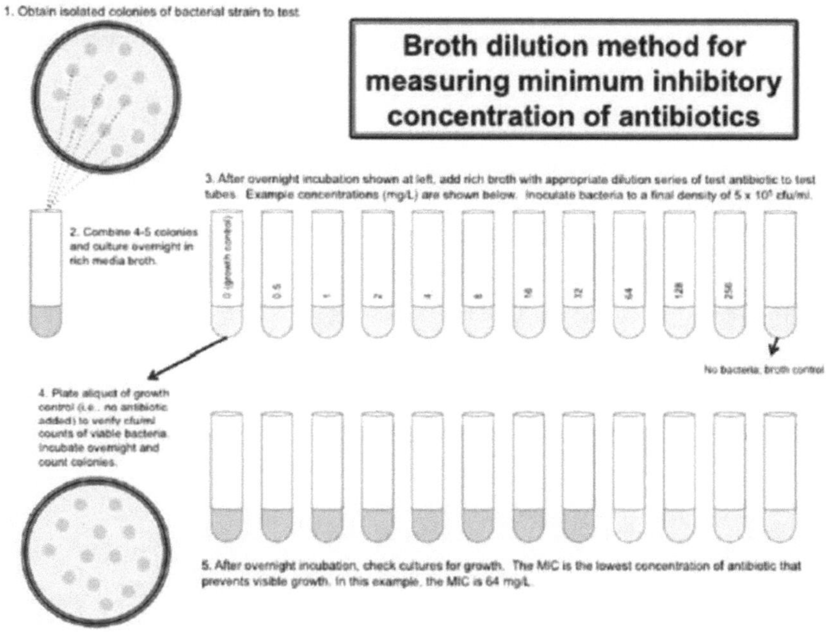

Figura: Modelo ilustrado do método de diluição em caldo para determinação da CIM

3. TESTE DE SUSCEPTIBILIDADE ANTIMICROBIANA PELO MÉTODO DA TIRA EM GRADIENTE

Utilização prevista

O método da tira de gradiente destina-se à determinação quantitativa da suscetibilidade antimicrobiana dos microrganismos, ou seja, à determinação da concentração inibitória mínima (CIM) do agente antimicrobiano em pg/mL. A tira é revestida com uma concentração exponencialmente crescente de agente antimicrobiano numa escala predefinida.

Princípio

O princípio de funcionamento da tira de gradiente baseia-se numa combinação dos conceitos de diluição e difusão nos testes de suscetibilidade antimicrobiana. Embora a metodologia seja semelhante ao método de difusão em disco, a tira de gradiente não se baseia em princípios de difusão; gera uma concentração estável e crescente de agente antimicrobiano (tal como definido na escala) imediatamente após o contacto com o meio de cultura.

Com a tira de gradiente, a CIM é percepcionada como, onde a elipse de inibição encontra a concentração do fármaco na tira em pg/mL.

Armazenamento da faixa de gradiente

Todas as embalagens devem ser armazenadas à temperatura ambiente controlada (18-22 °C), no frigorífico (4-8 °C) ou no congelador

(< -20 °C), conforme especificado no rótulo do produto, até à data de validade indicada.

Recomenda-se vivamente a utilização de todas as tiras imediatamente após a abertura da embalagem. Se sobrarem tiras de uma embalagem aberta, estas devem ser novamente seladas ou colocadas num recipiente hermético dessecado e armazenadas à temperatura indicada no rótulo ou a < -20 °C. Estas tiras podem ser utilizadas até ao fim do prazo de validade se forem corretamente armazenadas e manuseadas.

Nota: A humidade tem um elevado nível de efeito prejudicial na qualidade do desempenho da tira de gradiente antimicrobiana.

Manuseamento da faixa de gradiente

Deixar a embalagem atingir a temperatura ambiente e esperar até à evaporação completa da água condensada nas superfícies da embalagem.

Certifique-se de que a embalagem está intacta antes de abrir/utilizar as tiras de gradiente.

Abrir a embalagem através do entalhe de rasgar e manusear a tira apenas na área do logótipo superior utilizando pinças limpas. Nunca exponha a superfície ativa (o lado que não contém qualquer rotulagem) da tira a nada que não seja o meio de cultura semeado.

Procedimento

1. Selecionar duas ou três colónias morfologicamente semelhantes, de preferência a partir do meio de cultura não seletivo.
2. Inocular solução salina normal
3. Ajustar a turvação às normas de 0,5 McFarland
4. Nos 15 minutos seguintes à preparação do inóculo, preparar a cultura em ágar Mueller Hinton (MHA).
5. Dentro de 15 minutos, colocar cuidadosamente a extremidade inferior (com a menor concentração de antibiótico) da tira de gradiente e, em seguida, rolar a parte restante da tira sobre a superfície do ágar; certificar-se de que o lado ativo de toda a tira tem um bom contacto com o meio.
6. Não ajustar a posição da tira de gradiente depois de esta ter entrado em contacto com o meio.
7. Uma ou duas tiras podem ser colocadas numa placa de 90 mm e até 6 tiras podem ser colocadas numa placa de 150 mm.
8. Incubar as placas de cultura numa posição invertida a 35 ± **2°C**.
9. Salvo indicação específica, ler sempre os resultados entre 16-18 horas de incubação (para todos os organismos não fastidiosos).

Nota: Certifique-se de que o seu inóculo está padronizado para 0,5 McFarland e que o teste de suscetibilidade está a ser realizado em MH A (pH 7,3 ± 0,1) com 4,0 ± 0,5 mm de espessura. Para mais informações, consultar a metodologia de difusão em disco mais recente do CLSI.

Ler o MIC

Após a incubação, ler o valor da CIM onde a elipse de inibição encontra a concentração do medicamento na tira.

Repetir o teste em caso de contaminação, demasiado leve ou demasiado pesado ou inóculo/crescimento desigual.

Os pontos finais da faixa de gradiente MIC são geralmente inequívocos; no entanto, devem ser seguidas as seguintes regras de leitura.

1. Para fármacos bactericidas (por exemplo, B-lactâmicos), ler a CIM no ponto de inibição completa do crescimento, incluindo turvação, microcolónias e colónias isoladas.
2. Para fármacos bacteriostáticos (por exemplo, trimetoprim/sulfametoxazol), ler os parâmetros a 80% de inibição, ou seja, o ponto inicial de inibição significativa (para Linezolida ler a 90% de inibição).
3. Para os medicamentos bactericidas, quando forem observadas macrocolónias dentro da elipse,

ler todas as macrocolónias até 3 mm da tira.

4. Quando não existe uma elipse de inibição, ou seja, o crescimento ocorre ao longo de toda a tira, leia a CIM como > a concentração mais elevada na escala de CIM.

5. Quando a elipse de inibição se situa abaixo da tira (não se encontra com a tira), ler a CIM como < o valor mais baixo na escala de CIM.

6. Ignorar a hemólise, o crescimento em enxame e uma linha fina de crescimento ao longo da tira para ler a CIM.

7. Quando a elipse de inibição encontra a faixa entre duas concentrações diferentes, ler o valor superior seguinte como CIM.

8. Quando a elipse de inibição for desigual em ambos os lados da tira, ou seja, indicar dois valores diferentes (por exemplo, 4 e 6), ler o valor superior como CIM; além disso, quando o desvio for superior a uma dobra (por exemplo, 4 e 12), repetir o teste.

9. Para combinações de inibidores da B-lactamase, extrapolar a elipse superior do inibidor para ler a CIM adequada.

Interpretação dos resultados

Utilizar os últimos pontos de rutura de suscetibilidade CLSI ou EUCAST disponíveis para a interpretação dos resultados da CIM.

No caso de o valor da CIM do gradiente se situar entre as diluições padrão de duas vezes (por exemplo, 3), deve ser arredondado para o valor superior de duas vezes seguinte (por exemplo, 4) para classificação como Suscetível, Intermédio ou Resistente

Controlo de qualidade

A tira de gradiente e o procedimento de teste são considerados satisfatórios quando os valores de CIM observados (por exemplo, 0,75-4) se situam dentro do intervalo de CIM aceitável (por exemplo, 1-4) fornecido para as estirpes de controlo de qualidade (CQ). Não comunicar os resultados dos doentes em caso de falha do CQ.

Nota: Os resultados da CIM da tira de gradiente *in vitro* podem fornecer uma indicação da possível suscetibilidade *in vivo* do organismo.

No entanto, a utilização destes resultados para escolher a terapêutica deve ser da exclusiva decisão e responsabilidade do médico assistente, que deve escolher com base na experiência clínica, no historial do doente e no conhecimento da farmacocinética/farmacodinâmica do agente antimicrobiano.

Referências

1. Brown DF, et al., Evaluation of the E test, a novel method of quantifying antimicrobial activity

(Avaliação do teste E, um novo método de quantificação da atividade antimicrobiana). J Antimicrob Chemother, 1991;27:185-190.

2. Sekar R., et al., Validação de novas tiras de gradiente rentáveis para a determinação da suscetibilidade aos carbapenemes em
Enetrobacteriaceae. J Glob Antimicrob Resist, 2017;8:97- 101.

4. IMUNODIFUSÃO DUPLA

Objetivo

Demonstrar diferentes padrões de identidade entre os antigénios dados utilizando a técnica de dupla difusão de Ouchterlony.

Princípio

Na ouchterlony double diffusion, tanto o antigénio como o anticorpo difundem-se um para o outro num meio semi-sólido até um ponto em que a sua concentração óptima é atingida. Neste ponto, ocorre uma banda de precipitação. O teste qualitativo de ouchterlony pode monitorizar simultaneamente vários sistemas antigénio-anticorpo e pode ser utilizado para identificar um antigénio específico numa preparação. Este procedimento foi desenvolvido por orjan ouchterlony.

Quando o antigénio solúvel e a amostra de anticorpo são colocados em poços adjacentes no gel de agarose, difundem-se radialmente no gel de agarose e criam dois gradientes de concentração opostos entre os poços. Quando o gradiente atinge a proporção ideal, ocorrem interações da molécula correspondente e forma-se uma linha de precipitação. Utilizando esta técnica, é possível analisar a relação antigénica entre dois antigénios. Formam-se padrões distintos de linhas de precipitação contra o mesmo antissoro, consoante os dois antigénios partilhem todos os epítopos antigénicos, partilhem parcialmente os seus epítopos antigénicos ou não partilhem de todo os seus epítopos antigénicos.

O teste de ouchterlony também pode ser utilizado para estimar a concentração relativa de antigénios. Quando um antigénio tem uma concentração relativamente mais elevada, a zona equivalente será formada um pouco mais longe do poço do antigénio. Quando um antigénio tem uma concentração relativamente mais baixa, a zona equivalente será formada um pouco mais perto do poço do antigénio.

O padrão de linhas que se formam pode ser interpretado para determinar a relação entre os antigénios e os anticorpos.

Materiais necessários:

Agarose

Tampão de fosfato Salino

Antigénio conhecido e desconhecido

Antissoro

Diapositivo ODD

Punção de gel

Solução de coloração e descoloração

Tampão de fosfato Salino

Concentração de sal (g/L)

NaCl	8 .0
KCl	0,2
Na_2HPO_4	1.42
KH_2PO_4	0.24

Começar com 800 mL de água destilada para dissolver todos os sais. Ajustar o pH para 7,4 com HCl. Adicionar água destilada até um volume total de 1 litro.

Solução de coloração

Preto-amarelo - 1 g

Metanol - 90 ml

Ácido acético - 10 ml

Volume final - 100 ml

Solução de descoloração

Metanol - 50 ml

Ácido acético - 7 ml

Água destilada - 43 ml

Volume final - 100 ml

Procedimento:

A agarose a 1,5% será preparada dissolvendo a agarose em PBS, seguida de aquecimento. A solução de agarose é deixada arrefecer a cerca de 500C e é vertida na lâmina de vidro e deixada a solidificar durante 10 minutos.

Após a solidificação, os alvéolos são feitos com um punção de gel.

São adicionados 20 µl de antigénio e anticorpo nos respectivos poços.

A lâmina deve ser mantida numa câmara húmida e incubada durante a noite.

Após a incubação, as placas são observadas quanto à linha de precipitação entre os poços do antigénio e do anticorpo.

Os procedimentos de coloração e descoloração serão efectuados utilizando uma solução adequada e as lâminas serão observadas quanto à linha de coloração da precipitação.

Interpertação:

O padrão geométrico da linha de precipitina indica a relação entre os diferentes antigénios e é mostrado na figura abaixo.

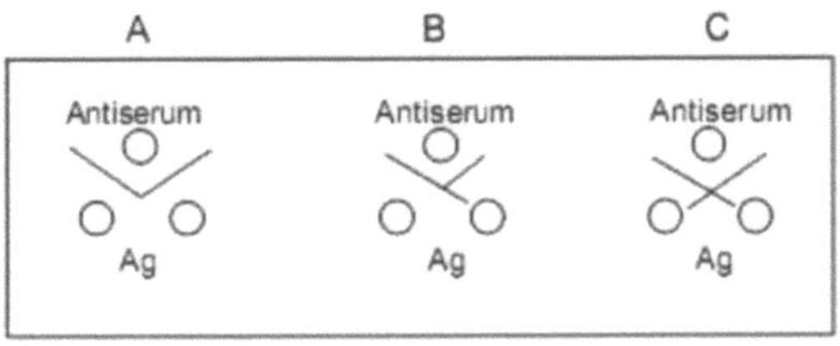

Padrão de identidade: A

Os anticorpos no antissoro reagem com ambos os antigénios, resultando numa linha suave de precipitado. Os anticorpos não conseguem distinguir entre os dois antigénios, ou seja, os dois antigénios são imunologicamente idênticos.

Padrão de identidade parcial: B

No "padrão de identidade parcial", os anticorpos no antissoro reagem mais com um dos antigénios do que com o outro. Pensa-se que o "estímulo" resulta dos determinantes presentes num antigénio mas ausentes no outro antigénio

Padrão de não-identidade: C

No "padrão de não-identidade", nenhum dos anticorpos do antissoro reage com determinantes antigénicos que possam estar presentes em ambos os antigénios, ou seja, os dois antigénios não estão imunologicamente relacionados no que diz respeito a esse antissoro.

5. CONTRA-IMUNOELECTROFORESE

Objetivo

Realizar a contra-imunoeletroforese (CIE) com o conjunto dado de antigénio e anticorpo.

Princípio

Neste método, a imunoprecipitação ocorre quando o antigénio no cátodo (pólo negativo) é levado a migrar num campo elétrico através de um meio de difusão adequado contra um fluxo de anticorpos que migram para trás a partir do ânodo (pólo positivo) devido ao fluxo endo-osmático. Quando se aplica uma corrente eléctrica através do tampão alcalino, as moléculas de antigénio carregadas negativamente migram para o elétrodo positivo e, portanto, para os poços cheios de anticorpos, enquanto os anticorpos carregados positivamente migram para o elétrodo negativo. Em algum ponto entre os poços, ocorre uma zona de equivalência e o complexo antigénio-anticorpo precipita como uma linha branca visível.

Materiais necessários

Agarose

Câmara húmida

Lâmina de vidro

Tanque de eletroforese com fonte de alimentação

Papel de filtro Whatman

Modelo e punção de gel

Tampão Tris Glicina

Tris glicina (250 ml)

Tris 0,05M - 6,06 g

Glicina 0,10M - 28,52 g Adicionar água destilada e perfazer o volume final de 1 litro.

Solução de corante

Preto-amarelo - l g

Metanol - 90 ml

Ácido acético - 10 ml

Volume final - 100 ml

Solução de descoloração

Metanol - 50 ml

Ácido acético - 7 ml

Água destilada - 43 ml

Volume final - 100 ml

Procedimento

Selecionam-se lâminas uniformes de boa qualidade e dissolve-se 1,5% de agaose em tampão tris-glicina, deita-se sobre a lâmina e deixa-se assentar à temperatura ambiente.

Em seguida, a lâmina é mantida a 4°C durante 5-10 minutos.

Os poços são cortados com um cortador de poços utilizando o modelo e a amostra ag e ab é colocada no poço utilizando uma micropipeta. Não deve haver transbordamento de reagente nem bolhas de ar nos poços.

Manter a lâmina na cuba electroforética de modo a que a orientação do antigénio fique bem no lado anódico (elétrodo negativo). Assim, durante a eletroforese, o antigénio move-se para o ânodo e o anticorpo para o cátodo (elétrodo positivo). As lâminas serão ligadas ao tampão no tanque com mechas de papel de filtro.

O silde é electroforeseado a 80-120 volts durante 45-60 minutos.

Após a eletroforese, a lâmina será observada quanto à presença de linhas de precipitina.

Em seguida, a lâmina é lavada com água destilada para remover o excesso de ag e ab.

Os procedimentos de coloração e descoloração foram efectuados utilizando uma solução adequada e as lâminas foram observadas quanto à linha de precipitação corada.

Interpretação

Ocorre a formação de linhas de precipitado no ponto de equivalência (zona de equivalência) do antigénio e do anticorpo correspondente.

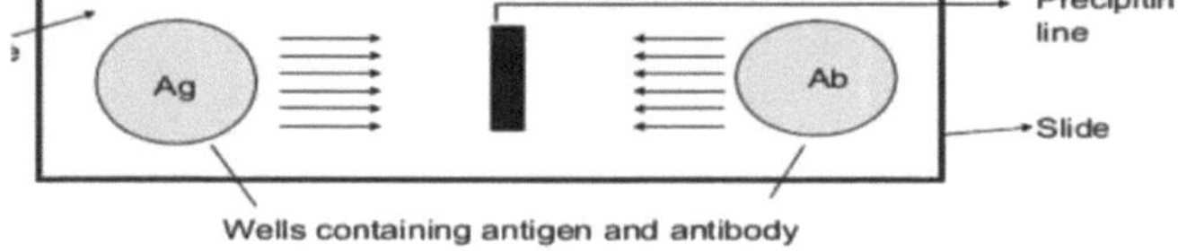

Counterimmunoelectrophoresis
(One dimensional double electroimmunodiffusion)

6. ELECTROFORESE DE SORO IMUNO

Objetivo

Separar a proteína do soro da amostra dada por eletroforese em agarose.

Princípio

Quando se aplicava um campo elétrico, a separação molecular baseava-se no tamanho, na forma e na alteração das partículas, no coeficiente fraccional das partículas, etc. O soro humano pode conter diferentes proteínas, tais como albumina, a-globulina, hepatoglobulina de transferência, lipoproteína beta, IgG, etc. Cada proteína tem o seu próprio peso molecular e a sua concentração também difere no soro normal. Por exemplo, a concentração da proteína albumina no soro normal é de 35 000 a 50 000 mg/100 ml, enquanto as concentrações de alfa 1 e alfa 2 variam entre 200-400 mg e 150-500 mg, respetivamente.

Todas as proteínas migram para o elétrodo positivo, uma vez que possuem uma carga negativa constante a pH 8,4, ao passo que a y-globulina, por ser volumosa por natureza e devido à endosmose do elétrodo, migra para os eléctrodos negativos.

Materiais necessários

Soro humano recentemente preparado

Eletroforese horizontal

Unidade de alimentação

Lâmina microscópica

Agarose

Tampão Tris Glicina

Tris glicina (250 ml)

Tris 0,05M - 6,06 g

Glicina 0,10M - 28,52 g

Adicionar água destilada e completar o volume final para 1 litro.

Solução de corante

Preto-amarelo - 1 g

Metanol - 90 ml

Ácido acético - 10 ml

Volume final - 100 ml

Solução de descoloração

Metanol - 50 ml

Ácido acético - 7 ml

Água destilada - 43 ml

Volume final - 100 ml

Procedimento

Dissolve-se 1,5% de agarose em tampão tris-glicina e funde-se. A agarose fundida é colocada numa lâmina de vidro microscópica limpa.

Deixou-se arrefecer durante 15 minutos para formar um gel. Simultaneamente, misturaram-se algumas gotas de soro não diluído com uma pitada de azul de bromofenol numa lamela e, com outra lamela, colocou-se a amostra de soro numa lâmina de vidro.

A eletroforese é efectuada durante 30 minutos a 140-145 volts. A lâmina electroforética é retirada e colocada na solução de coloração durante 5 minutos. Após 5 minutos, a solução de coloração é removida e é adicionada uma solução de descoloração.

A descoloração deve ser efectuada até que as outras partes do gel se tornem incolores.

Interpretação

Após a eletroforese, ocorre a formação de diferentes bandas de proteínas.

7. KIT DE DETECÇÃO DA MALÁRIA (MULTIPLEX)

Descrição:

A malária é uma doença potencialmente fatal causada por parasitas *Plasmodium* que são transmitidos às pessoas através da picada de mosquitos *Anopheles* infectados, chamados "vectores da malária". A malária nos seres humanos é causada principalmente pela infeção por quatro espécies de *Plasmodium*: *Plasmodium falciparum, Plasmodium vivax, Plasmodium malariae e Plasmodium ovale. O P. falciparum* e *o P. vivax* são os mais comuns e *o P. falciparum* é o mais mortal.

A malária pode ser prevenida e curada. A transmissão depende das condições climáticas que podem afetar o número e a sobrevivência dos mosquitos, tais como os padrões de precipitação, a temperatura e a humidade. A malária é uma doença febril aguda. Num indivíduo não imune, os sintomas aparecem sete dias ou mais (geralmente 10-15 dias) após a picada do mosquito infecioso. Os sintomas incluem febre, dor de cabeça, arrepios e vómitos, etc. Se não for tratada no prazo de 24 horas, a malária *por P. falciparum* pode evoluir para uma doença grave que conduz frequentemente à morte. O diagnóstico e o tratamento precoces da malária reduzem a doença e evitam mortes. Também contribui para reduzir a transmissão da malária.

NOTA: O Malaria Detection Kit destina-se apenas a utilização *in vitro*.

Utilização prevista:

O kit de deteção da malária (Multiplex) foi concebido para a deteção de cinco sequências genéticas de *Plasmodium spp., Plasmodium falciparum, Plasmodium vivax, Plasmodium malariae e Plasmodium ovale* nas amostras clínicas de malária. O teste PCR convencional pode proporcionar uma deteção rápida, sensível e específica da malária. Este kit de diagnóstico assegura uma sensibilidade muito elevada de deteção em amostras clínicas. O kit foi concebido para o diagnóstico *in vitro* e permite uma deteção qualitativa.

Princípio:

O kit de deteção da malária da HiMedia é um kit de PCR convencional qualitativo, que contém a amplificação de um gene específico utilizando iniciadores específicos. O alvo amplificado é detectado por eletroforese em gel de agarose. A reação em cadeia da polimerase (PCR) é um método muito sensível e específico para a deteção de genes com base na amplificação. As três etapas de uma reação de PCR bem sucedida incluem a desnaturação, o recozimento e a extensão. O ADN de cadeia dupla funde-se e forma ADN de cadeia simples a alta temperatura (desnaturação). Os primers específicos da sequência ligam-se à sequência alvo no ADN de cadeia simples a uma temperatura mais baixa (Recozimento). A Taq DNA Polymerase adiciona dNTPs ao ADN de cadeia simples a uma temperatura intermédia (Extensão). Estes 3 passos da PCR são normalmente repetidos entre 25 a 40 vezes em cada ensaio de PCR.

A eletroforese em gel é utilizada para analisar a amplificação da região do gene desejado para o agente patogénico alvo com base na separação dos fragmentos de ADN de acordo com o seu tamanho.

Caraterísticas:

- Rápido e simples
- Resultados sensíveis e específicos
- Resultados reprodutíveis garantidos
- Deteção rápida de todos os agentes patogénicos clínicos relevantes

Definição da unidade:

1u é definida como a quantidade de enzima necessária para catalisar a incorporação de 10 nmoles de dNTP em material insolúvel em ácido em 30 minutos a 74DC.

Armazenamento e prazo de validade:

O kit fornecido tem um prazo de validade de 6 meses quando armazenado a -20DC. Deve evitar-se a descongelação e a congelação repetidas dos reagentes PCR, uma vez que tal pode reduzir a sensibilidade. Se os reagentes tiverem de ser utilizados várias vezes, recomendamos que os armazene em alíquotas para evitar a congelação e descongelação repetidas. A degradação dos espécimes de ADN da amostra também pode reduzir a sensibilidade do ensaio. O kit fornecido é estável durante 6 meses quando armazenado nas condições mencionadas. A HiMedia não recomenda a utilização do kit após o prazo de validade indicado na embalagem.

Conteúdo do kit:

A PCR fornecida contém:

Components	Reagents provided for 10R (reactions)	Reagents provided for 25R (reactions)	Reagents provided for 50R (reactions)
2X PCR Master Mix **(MBT061)**	260 µl	650 µl	1.5 ml
Primer Mix includes *Plasmodium spp.*, *Plasmodium falciparum*, *Plasmodium vivax*, *Plasmodium malariae*, *Plasmodium ovale* genes	120 µl	260 µl	510 µl
Nuclease free water **(ML065)**	1 ml	2 ml	4 ml
6X Loading Dye **(ML015)**	100 µl	200 µl	400 µl
100 bp DNA Ladder **(MBT049)**	40 µl	90 µl	180 µl
Plasmodium spp. Positive control DNA	20 µl	55 µl	110 µl

Recolha e preparação de amostras:

Para a preparação do ADN purificado do sangue, efetuar a extração do ADN do sangue utilizando o HiPurA™ Blood Genomic DNA Miniprep Purification Kit (MB504). O ADN purificado está isento de quaisquer inibidores e pode ser utilizado diretamente para PCR.

Instruções gerais de preparação:

- Antes da utilização, uma quantidade adequada de todos os componentes da PCR deve ser completamente descongelada em gelo (40C).
- Realizar as reacções de amplificação numa área limpa. Recomenda-se a utilização de pontas de pipeta com barreira de aerossol para reduzir os riscos de contaminação por modelos de ADN estranhos.

- Extrair e armazenar o material de controlo positivo (se utilizado) separadamente de todos os outros reagentes para evitar contaminação e adicioná-lo à mistura de reação numa área separada.
- Centrifugar brevemente os componentes depois de descongelados.

A. Protocolo:

Preparação da mistura de reação PCR

Add 25 µl of 2X PCR Master Mix **(MBT061)** in a PCR tube

⇩

In the same tube, add 10 µl of given primer mix (10 pmoles concentration provided)

⇩

Add 1-2 µl of **template DNA** (upto 50 ng of extracted DNA)

⇩

Add nuclease free water **(ML065)** to make the final volume to 50 µl

⇩

Centrifuge the tube briefly at 6000 rpm for about 10 seconds.

⇩

Place the tubes in the PCR machine and set the recommended PCR program (mentioned below)

⇩

Interpret the data using Agarose gel electrophoresis.

NOTA: (Opcional) - O utilizador pode também preparar uma reação PCR adicional contendo ADN de controlo positivo (fornecido) num tubo separado.

B. Programa PCR recomendado:

- ✓ Desnaturação inicial: 94°C durante 10 minutos
- ✓ Parâmetros de ciclagem (N.º de ciclos: 30) Desnaturação: 94°C durante 1 minuto Recozimento: 60°C durante 2 minutos Extensão: 72°C durante 2 minutos
- ✓ Extensão final: 72°C durante 10 minutos

C. Após a amplificação, os produtos podem ser mantidos a 4°C durante a noite ou congelados a - 20°C para armazenamento a longo prazo.

- ✓ Para análise dos dados da PCR, carregar 10 pl de amplicon num gel de agarose a 2% juntamente com 1 pl de corante de carga de ADN 6X (ML015).
- ✓ Colocar 3 pl de 100 bp DNA ladder (MBT049) num poço separado.

E. coloração com tBr para verificação dos resultados

- ✓ Incorporar EtBr no gel de agarose ou corar o gel de agarose com EtBr durante 10 - 15 min
- ✓ Confirmar o tamanho esperado do produto da amplificação comparando-o com o marcador de ADN de 100 pb.

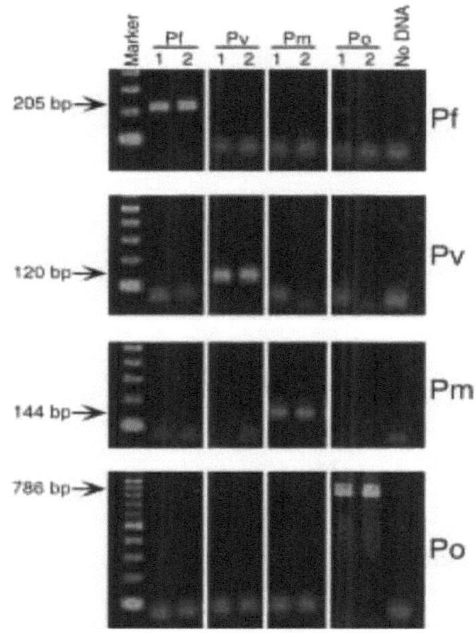

Imagem do gel que representa a amplificação de *Plasmodium spp.* [P. *falciparum* (205 pb), P. *ovale* (786 pb), *P. malariae* (144 pb), *P. vivax* (120 pb)] utilizando uma amostra de ADN do sangue da malária como modelo

Especificações

Sensibilidade: Detetável até 10-1000 cfu/ml (mg) antes do pré-enriquecimento.

Controlo de qualidade:

Cada lote de HiMedia Mala ria Detection Kit (Multiplex) é testado quanto a actividades contaminantes de endonuclease, exonuclease e DNase não específica. Testado funcionalmente na amplificação de ADN

Guia de resolução de problemas:

Sr.No.	Problem	Cause	Solution
1.	No amplification	Degraded samples	1. Check the integrity of DNA using agarose gel electrophoresis.
			2. Use freshly prepared DNA to ensure the availability of intact template sequence for efficient amplification.
		Error in protocol setup	Verify that the correct reagent volumes, dilutions and storage conditions have been used.
2.	Variability between replicates	Error in reaction set-up	Prepare large volume reaction mix, vortex thoroughly and aliquot appropriately into reaction tubes.
		Air bubbles in reaction mix	Briefly centrifuge reaction samples/plate prior to running on a PCR machine.
		Pipetting error	Replicates can show increased variation due to poor laboratory techniques or imprecise pipettes.
3.	Amplification in negative control	Reagents contaminated	1. Replace all critical solutions. 2. Repeat the analysis of all tests with fresh aliquots of critical reagents.

Informações de segurança

O Kit de Deteção da Malária (Multiplex) destina-se apenas a utilização laboratorial e não a utilização em medicamentos, uso doméstico ou outros fins. Adotar as medidas de segurança adequadas para o laboratório e usar luvas durante o manuseamento.

Limitação de utilização do produto e garantia

A HiMedia garante o desempenho do produto da forma descrita na literatura do produto. O Kit de Deteção da Malária (Multiplex) foi concebido e é vendido apenas para fins de investigação e *in vitro*. Não se pretende que qualquer afirmação ou representação forneça informações para o diagnóstico, prevenção ou tratamento de uma doença.

O manuseamento dos produtos deve ser feito com o devido cuidado e atenção. Recomendamos a todos os utilizadores de produtos HiMedia que cumpram as diretrizes dos NIH que foram desenvolvidas para experiências de ADN recombinante ou outras diretrizes aplicáveis.

Assistência técnica

Na HiMedia, orgulhamo-nos da qualidade e disponibilidade do nosso apoio técnico. Para qualquer tipo de assistência técnica, envie um e-mail para mb@himedialabs.com

8. KIT DIDÁCTICO DE IMUNODIFUSÃO RADIAL

Objetivo:

Estudar a técnica de imunodifusão por Imunodifusão Radial Simples.

Introdução:

A Imunodifusão Radial Simples, também conhecida como técnica de Mancini, é uma técnica de imunodifusão quantitativa utilizada para detetar a concentração de antigénio através da medição do diâmetro do anel de precipitina formado pela interação do antigénio e do anticorpo a uma concentração óptima. Neste método, o anticorpo é incorporado no gel de agarose, enquanto o antigénio se difunde no seu interior num padrão radial.

Princípio:

A Imunodifusão Radial Simples é amplamente utilizada para a estimativa quantitativa de antigénio. Neste caso, a reação antigénio-anticorpo é tornada mais sensível através da adição de antissoro ao gel de agarose e do carregamento da amostra de antigénio no poço. medida que o antigénio se difunde na agarose radialmente em todas as direcções, a sua concentração diminui continuamente até se atingir o ponto de equivalência em que a concentração de antigénio é igual à do anticorpo presente no gel de agarose. Neste ponto, forma-se um anel de precipitação ("anel de precipitina") à volta do poço. O diâmetro do anel de precipitina é proporcional à concentração de antigénio. Com o aumento da concentração de antigénio, formam-se anéis de precipitina de maior diâmetro.

O tamanho dos anéis de precipitina depende de

- Concentração de antigénio no poço de amostra
- Concentração de anticorpos no gel de agarose
- Tamanho do poço de amostragem
- Volume da amostra

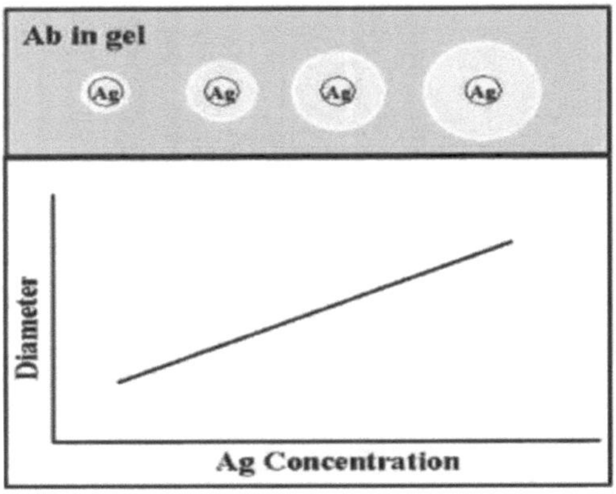

Fig 1: No ensaio de imunodifusão radial simples, o diâmetro do anel de precipitina aumenta com o aumento da concentração do antigénio

Assim, ao dispor de várias concentrações de um antigénio padrão, é possível obter uma curva padrão a partir da qual se pode determinar a quantidade de um antigénio numa amostra desconhecida. Trata-se, portanto, de um teste quantitativo. Se aparecer mais do que um anel no teste, pode ter ocorrido mais do que uma reação antigénio/anticorpo. Isto pode ser devido a uma mistura de antigénios ou anticorpos. Este teste é normalmente utilizado no laboratório clínico para a determinação dos níveis de imunoglobulina em amostras de doentes.

Conteúdo do kit:

O kit pode ser utilizado para efetuar a técnica de imunodifusão radial simples.

Tabela 1: Lista os materiais fornecidos neste kit com a sua quantidade e armazenamento recomendado

Sr. No.	Product Code	Materials Provided	Quantity 20 expts	Storage
1	MB002	Agarose	2.3 g	R T
2	TKC081	10X Assay buffer	23 ml	2-8 °C
3	TKC085	Antiserum	1.6 ml	2-8°C
4	TKC086	Standard Antigen A	0.2 ml	2-8°C
5	TKC087	Standard Antigen B	0.2 ml	2-8°C
6	TKC088	Standard Antigen C	0.2 ml	2-8°C
7	TKC089	Standard Antigen D	0.2 ml	2-8°C
8	TKC090	Test Antigen 1	0.2 ml	2-8°C
9	TKC091	Test Antigen 2	0.2 ml	2-8°C
6	TKC095	Glass plate	4 Nos.	R T
7	TKC083	Gel puncher	1 No.	R T
8	TKC084	Template	4 Nos.	R T

Materiais necessários:

Artigos de vidro: Frasco cónico, proveta, copo

Reagentes: Água destilada, álcool

Outros requisitos: Incubadora (37°C), micro-ondas ou bico de Bunsen, misturador Vortex, espátula, micropipetas, pontas, câmara húmida (caixa com algodão húmido)

Armazenamento:

O HiPer® Radial Immunodiffusion Teaching Kit é estável durante 6 meses a partir da data de receção, sem apresentar qualquer redução do desempenho. Armazenar o tampão de ensaio, o antissoro, os antigénios padrão e de teste a 2-8°C. Os outros conteúdos do kit podem ser armazenados à temperatura ambiente (15-25°C).

Instruções importantes:

1. Antes de iniciar a experiência, é necessário ler atentamente todo o procedimento.

2. Usar sempre luvas durante a realização da experiência.

3. **Preparação do tampão de ensaio 1X:** Para preparar 10 ml de tampão de ensaio 1X, adicionar 1 ml de tampão de ensaio 10X a 9 ml de água destilada estéril.

4. **Preparação de gel de agarose a 1%:** Para preparar 10 ml de gel de agarose, adicionar 0,1 g de pó de agarose a 10 ml de tampão de ensaio 1X, ferver para dissolver completamente a agarose.

5. Limpar as placas de vidro com algodão; para que a agarose se espalhe uniformemente, utilizar álcool para o efeito.

6. Cortar os alvéolos com precisão, sem margens rugosas.

7. Adicionar o antissoro à agarose apenas depois de esta arrefecer até 55°C, uma vez que uma temperatura mais elevada inactivará o anticorpo.

8. Certifique-se de que a câmara húmida tem algodão húmido suficiente para manter a atmosfera húmida.

* Recomenda-se a utilização de água de qualidade para biologia molecular (código do produto: ML024).

Procedimento:

1. Preparar 10 ml de gel de agarose a 1% (como indicado nas instruções importantes). Colocar 6 ml desta solução de gel num tubo de ensaio limpo.
2. Deixar a solução arrefecer até 55-60oC e adicionar 80 di de antissoro a 6 ml de solução de agarose. Misturar bem para uma distribuição uniforme do anticorpo.
3. Verter a solução de agarose contendo o antissoro numa placa de vidro sem gordura colocada numa superfície horizontal. Deixar o gel assentar durante 30 minutos.
4. Colocar a placa de vidro no modelo fornecido.

5. Perfurar os poços com a ajuda de um perfurador de gel correspondente às marcações no modelo. Utilizar uma sucção suave para evitar a formação de poços rugosos.

6. Adicionar 10 p l das amostras de antigénio padrão e de antigénio de ensaio aos poços.

A. Antigénio padrão A (3,75 mg/ml)

B. Antigénio padrão B (7,5 mg/ml)

C. Antigénio padrão C (15 mg/ml)

D. Antigénio padrão D (30 mg/ml)

E. Teste Antigénio 1

F. Teste Antigénio 2

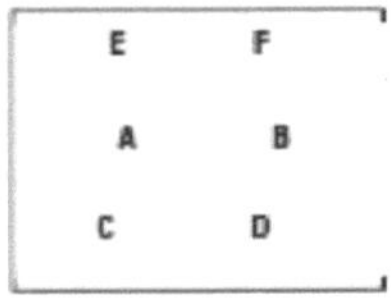

Fig 2: Modelo para o padrão de poços para carregamento de antigénios padrão e de teste

7. Incubar a placa de vidro numa câmara húmida durante a noite a 37oC.

Observação e resultado:

Observar a existência de anéis de precipitina à volta dos poços de antigénio (Fig. 3). Marcar os bordos dos anéis de precipitina e medir o diâmetro dos anéis como indicado no quadro 2

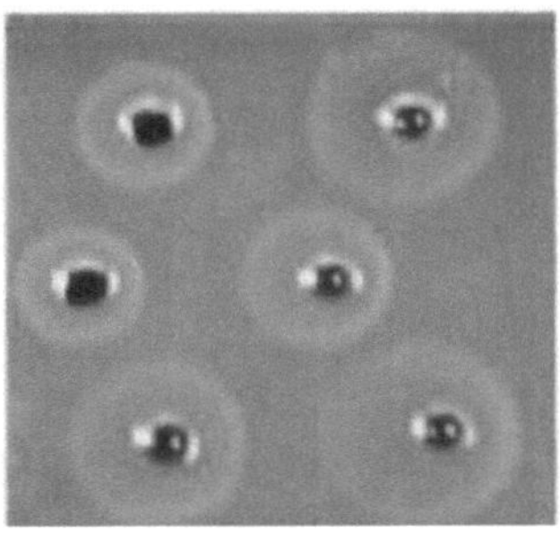

Fig. 3: Anéis de precipitina observados na Imunodifusão Radial Simples

Tabela 2: Resultados da imunodifusão radial simples

Sample	Standard Antigen Concentration (in mg/ml)	Ring Diameter (in mm)
A	3.75	
B	7.5	
C	15.0	
D	30.0	
E	Test Antigen 1	
F	Test Antigen 2	

Traçar um gráfico do diâmetro do anel de precipitina (no eixo Y) versus a concentração de antigénio (no eixo X) numa folha de gráfico padrão. Determinar a concentração do antigénio desconhecido a partir do gráfico, encontrando a concentração contra o diâmetro do anel.

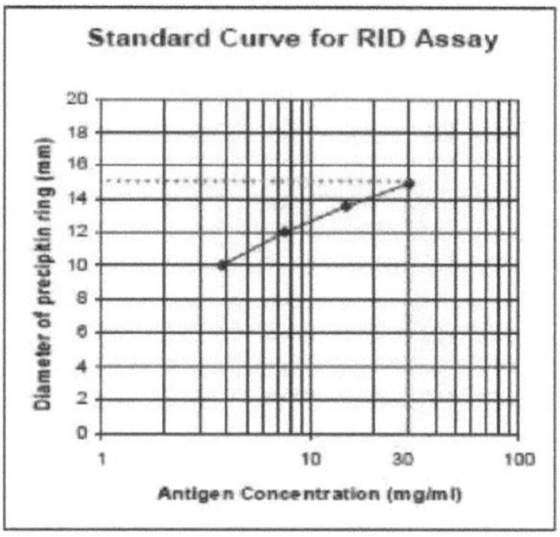

Interpretação:

O diâmetro do anel de precipitina depende da concentração de antigénios carregados nos poços. Ao traçar o gráfico da concentração de antigénios versus o diâmetro do anel de precipitina correspondente, é possível calcular a concentração de qualquer antigénio de teste.

Guia de resolução de problemas:

Sr.No	Problem	Probable Cause	Solution
1	No precipitin ring observed	Inadequate filling of the wells	Sample should be loaded directly into the well without spilling to the sides
		Drying of the agarose gel during incubation	Ensure that the moist chamber has enough moist cotton to avoid drying of the gel
		Inactivation of antiserum	Antiserum should be added to the agarose gel only after the temperature reaches to 55-60°C
2	Blur precipitin ring observed	Inactivation of antiserum	Antiserum should be added to the agarose gel only after the temperature reaches to 55-60°C
		Uneven pouring of gel	Place the glass plate on a flat surface while pouring the gel. Do not move the plate once the gel is poured

9. KIT DIDÁCTICO DE IMUNOELECTROFORESE PARA FOGUETÕES

Objetivo:

Estudar a técnica de imunoeletroforese de foguetes para a determinação da concentração de antigénio numa amostra desconhecida.

Introdução:

A imunoeletroforese de foguetes, também conhecida como electroimunodifusão, é um método simples, rápido e reprodutível para determinar a concentração de antigénio numa amostra desconhecida. Este método quantitativo de imunoeletroforese unidimensional envolve uma comparação de uma amostra de antigénio de concentração desconhecida com uma série de diluições de uma concentração conhecida do antigénio e requer um anticorpo monoespecífico contra o antigénio em investigação. Neste método, o antigénio migra do poço através do gel de agarose que contém o antissoro, formando picos de precipitina em forma de foguete. A altura deste pico é proporcional à concentração do antigénio carregado no poço correspondente.

Princípio:

Na imunoeletroforese em foguetão, as amostras de antigénio com carga negativa são electroforeseadas num gel de agarose que contém anticorpo específico para esse antigénio. À medida que o antigénio sai do poço e entra no gel de agarose, combina-se com o anticorpo para formar um complexo imune que é visível como branco. Uma vez que o antigénio migra através do gel sob a influência de uma corrente eléctrica aplicada, move-se numa direção. Durante a fase inicial, existe um excesso considerável de antigénio em relação ao anticorpo e não ocorre qualquer precipitação visível. No entanto, à medida que a amostra de antigénio migra mais através do gel de agarose, são encontradas mais moléculas de anticorpos que interagem com o antigénio para formar um complexo imunitário. Quando estes complexos imunes se tornam suficientemente grandes para serem retidos no gel, o movimento do antigénio pára. A área de precipitina tem a forma de um foguete e a sua altura é proporcional à concentração de antigénio no poço correspondente.

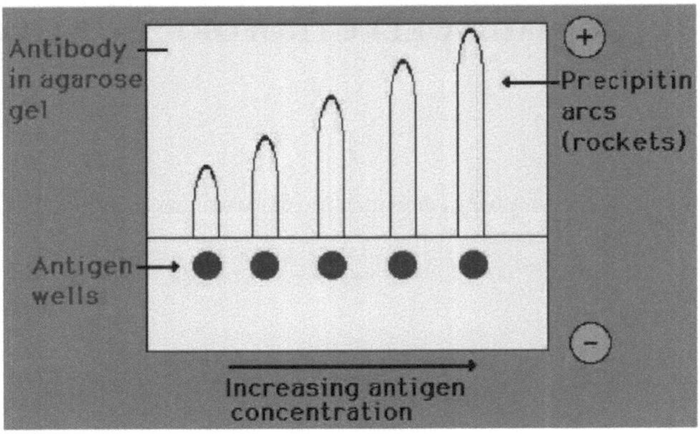

Fig 1: Quanto maior for a concentração de antigénio carregado no poço, maior será a sua migração através do gel antes de interagir com anticorpo suficiente para formar picos de precipitina

Conteúdo do kit:

O Kit pode ser utilizado para realizar imunoeletroforese de foguetes para descobrir a concentração das amostras de antigénio desconhecidas.

Tabela 1: Lista os materiais fornecidos neste kit com a sua quantidade e armazenamento recomendado

Sr. No.	Product Code	Materials Provided	Quantity		Storage
			5 expts	20 expts	
1	MB002	Agarose	0.9 g	3.5 g	RT
2	ML017	50X TBE	2 x 20 ml	7 x 20 ml	RT
3	TKC047	Antiserum	1.25 ml	5 ml	2-8°C
4	TKC048	Standard Antigen 1	0.05 ml	0.2 ml	2-8°C
5	TKC049	Standard Antigen 2	0.05 ml	0.2 ml	2-8°C
6	TKC050	Standard Antigen 3	0.05 ml	0.2 ml	2-8°C
7	TKC051	Standard Antigen 4	0.05 ml	0.2 ml	2-8°C
8	TKC052	Test Antigen A	0.05 ml	0.2 ml	2-8°C
9	TKC053	Test Antigen B	0.05 ml	0.2 ml	2-8°C
10	TKC410	Template	1 No	4 No	RT
11	TKC054	Glass plate	1 No.	4 Nos.	RT
12	TKC083	Gel puncher	1 No.	1 No.	RT

Materiais necessários, mas não fornecidos:

Artigos de vidro: Frasco cónico, proveta, copo

Reagentes: Água destilada esterilizada, álcool

Outros requisitos: Incubadora (37°C), micro-ondas ou bico de Bunsen, misturador Vortex, espátula, micropipetas, pontas, câmara húmida (caixa com algodão húmido)

Armazenamento:

O HiPer® Rocket Immunoelectrophoresis Teaching Kit é estável durante 12 meses a partir da data de receção sem apresentar qualquer redução no desempenho. Armazenar o antissoro, o padrão e os antigénios de teste a 28°C. Os outros reagentes podem ser armazenados à temperatura ambiente (15-25°C).

Instruções importantes:

1. Antes de iniciar a experiência, é necessário ler atentamente todo o procedimento.
2. Usar sempre luvas durante a realização da experiência.
3. **Preparação de TBE 1X:** Retirar a pastilha de 20 ml de TBE 50X da embalagem para um copo de vidro de 250 ml. Adicionar 20 ml de água destilada esterilizada ao copo e aquecer no micro-ondas durante 3-5 segundos até a pastilha passar à forma líquida. Colocar a solução 50X TBE numa proveta de 1000 ml, lavar o copo com água destilada esterilizada para recolher e verter para a proveta e completar o volume para 1000 ml com água destilada esterilizada para obter o tampão 1X TBE.
4. **Preparação de gel de agarose a 1%:** Para preparar 15 ml de gel de agarose, adicionar 0,15 g de agarose em pó a 15 ml de tampão TBE 1X, ferver para dissolver completamente a agarose.
5. Adicionar o antissoro à agarose apenas depois de esta arrefecer até 55°C. Uma temperatura mais elevada inactivará o anticorpo.
6. Limpar as placas de vidro com algodão; para que a agarose se espalhe uniformemente, utilizar álcool para o efeito.
7. Cortar os alvéolos com precisão, sem margens rugosas.
8. Certifique-se de que a câmara húmida tem algodão húmido suficiente para manter a atmosfera húmida.

Procedimento:

1. Preparar 15 ml de agarose a 1 % (como indicado nas instruções importantes).
2. Arrefecer a solução a 55-60°C e adicionar 250 pl de antissoro a 13 ml de solução de agarose. Misturar bem para uma distribuição uniforme do anticorpo.
3. Verter a solução de agarose contendo o antissoro numa placa de vidro sem gordura colocada numa superfície horizontal. Deixar o gel solidificar durante 30 minutos.
4. Colocar a placa de vidro no modelo fornecido.
5. Perfurar os poços com a ajuda de um perfurador de gel. Utilizar uma sucção suave para evitar a formação de poços rugosos.
6. Adicionar 10 p l das amostras de antigénio padrão e de antigénio de ensaio aos poços.

A. Antigénio padrão A (1,87 mg/ml)
B. Antigénio padrão B (0,94 mg/ml)
C. Antigénio padrão C (0,47 mg/ml)
D. Antigénio padrão D (0,23 mg/ml)
E. Teste Antigénio 1
F. Teste Antigénio 2

7. Verter o tampão TBE 1X na cuba de eletroforese de modo a cobrir apenas o gel.

Nota: O restante tampão 1X TBE pode ser armazenado à temperatura ambiente.

Eletroforese a 80-120 volts e 60-70 mA, até o corante azul se afastar 3-4 cm do poço. Não efetuar a eletroforese durante mais de 3 horas, pois é provável que gere calor.

9. Incubar a placa de vidro numa câmara húmida durante a noite a 37°C.

Observação e resultado:

Observar os picos de precipitação em forma de "foguete" formados contra um fundo escuro.

Marcar a ponta dos picos de precipitina e medir a altura do pico desde o bordo superior do poço até à ponta do pico, como indicado no quadro 2.

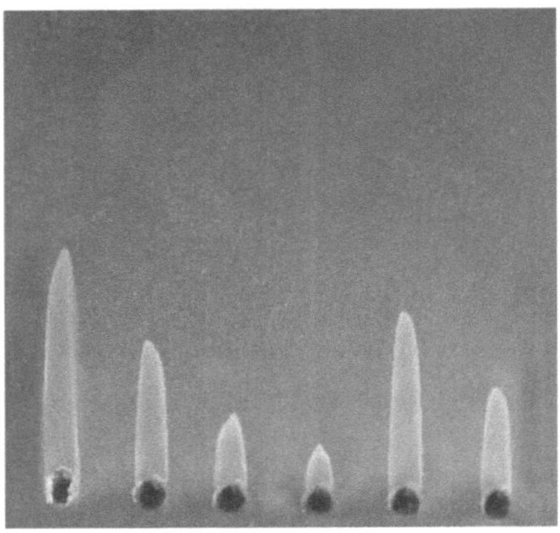

Fig 2: Picos de precipitina (Rockets) observados na imunoeletroforese de Rockets

Tabela 2: Resultados da imunoeletroforese de foguetes

Sample	Standard Antigen Concentration (in mg/ml)	Rocket height (in mm)
A	1.87	
B	0.94	
C	0.47	
D	0.23	
E	Test Antigen 1	
F	Test Antigen 2	

Traçar um gráfico da altura do foguetão (no eixo Y) versus a concentração de antigénio (no eixo X) numa folha de gráfico semi-log. Determine a concentração do desconhecido a partir do gráfico, encontrando a concentração contra a altura do foguetão.

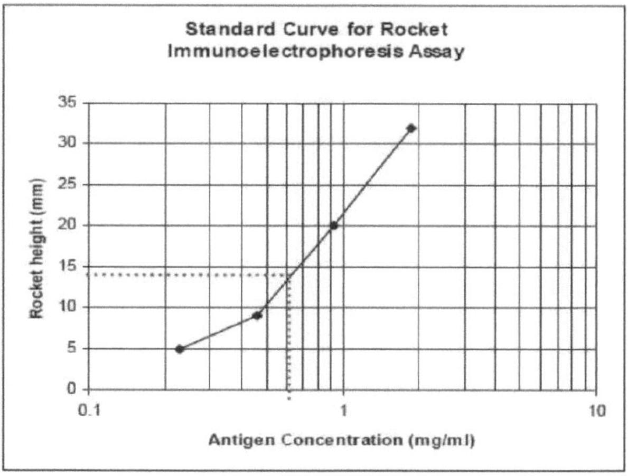

Interpretação:

A altura do pico de precipitina depende da concentração de antigénios carregados nos poços correspondentes. Ao traçar o gráfico da concentração de antigénios versus o comprimento dos picos de precipitina, é possível calcular a concentração do antigénio de teste.

Guia de resolução de problemas:

Sr. No.	Problem	Probable Cause	Solution
1	No precipitin ring observed	Inadequate filling of the wells	Sample should be loaded directly into the well without spilling to the sides
		Drying of the agarose gel during incubation	Ensure that the moist chamber has enough moist cotton to avoid drying of the gel
		Inactivation of antiserum	Antiserum should be added to the agarose gel only after the temperature reaches to 55-60°C
2	Blur precipitin ring observed	Inactivation of antiserum	Antiserum should be added to the agarose gel only after the temperature reaches to 55-60°C
		Uneven pouring of gel	Place the glass plate on a flat surface while pouring the gel. Do not disturb the plate once the gel is poured

10. KIT DIDÁCTICO PCR

Objetivo:

Amplificar um fragmento específico de ADN por Reação em Cadeia da Polimerase.

Introdução:

A reação em cadeia da polimerase (PCR) é um método *in vitro* de síntese enzimática de um fragmento específico de ADN desenvolvido por Kary Mullis em 1983. É uma técnica muito simples para caraterizar, analisar e sintetizar ADN de praticamente qualquer organismo vivo (planta, animal, vírus, bactéria). A PCR é utilizada para amplificar um fragmento exato de ADN a partir de uma mistura complexa de material de partida denominado ADN modelo.

Uma PCR básica requer os seguintes componentes:

- Modelo de ADN que contém a região a amplificar
- Dois iniciadores complementares à extremidade 3' de cada uma das cadeias de ADN com sentido e anti-sentido
- Mesa térmica DNA polimerase como Taq, Vent, Pfu etc.
- Trifosfatos de desoxinucleósidos (dATP, dCTP, dGTP e dTTP), os blocos de construção a partir dos quais a ADN polimerase sintetiza uma nova cadeia de ADN.
- Solução tampão que proporciona um ambiente químico adequado para uma atividade e estabilidade óptimas da ADN polimerase.
- Iões bivalentes de magnésio/manganês, que são necessários para a atividade máxima da Taq polimerase e influenciam a eficiência do recozimento do iniciador ao molde.

Princípio:

O objetivo de uma PCR é amplificar um fragmento específico de ADN ou ARN.

A PCR é composta por três etapas básicas:

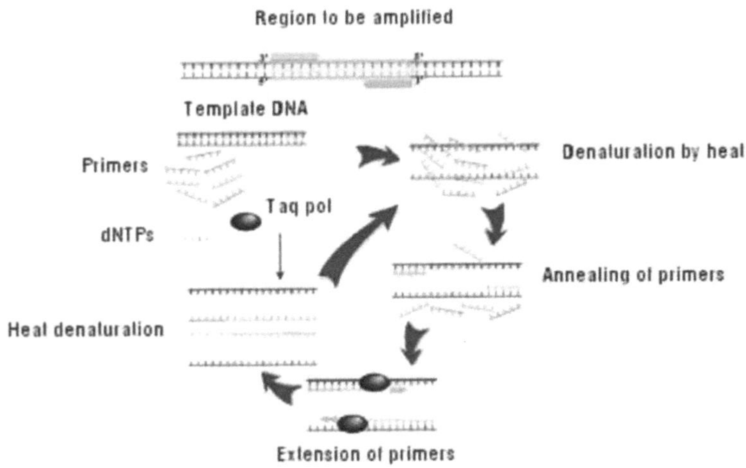

Fig 1: A PCR amplifica um fragmento específico de ADN através da incorporação de iniciadores, dNTPs e Taq polimerase com desnaturação e renaturação periódicas do ADN modelo.

- **Etapa de inicialização:** Esta etapa consiste em aquecer a mistura de reação a 94- 96oC durante 1-9 minutos para quebrar as ligações de hidrogénio nas cadeias de ADN.
- **Etapa de desnaturação:** Este passo é o primeiro evento de ciclo regular e consiste em aquecer a mistura de reação a 94-98oC durante 20-30 segundos. Como resultado, o ADN modelo desnatura devido ao rompimento das ligações de hidrogénio entre as bases complementares das cadeias de ADN, dando origem a cadeias simples de ADN.
- **Etapa de recozimento**: Nesta etapa, a temperatura da reação é reduzida para 50-65oC durante 20-40 segundos, permitindo o recozimento dos primers ao modelo de ADN de cadeia simples. Normalmente, a temperatura de recozimento é 3-5oC inferior à Tm (temperatura de fusão) dos primers utilizados. As ligações de hidrogénio ADN-ADN estáveis só se formam quando a sequência do iniciador coincide muito estreitamente com a sequência do modelo. A polimerase liga-se ao híbrido iniciador-modelo e inicia a síntese de ADN.

temperatura de 68-72oC com esta enzima. O ADNóptima a 75-80oC. Normalmente, utiliza-se uma

A polimerase de ADN sintetiza uma nova cadeia de ADN complementar à cadeia de ADN modelo incorporando dNTPs que são complementares ao modelo na direção 5' a 3', condensando o grupo 5'-fosfato dos dNTPs com o grupo 3'-hidroxilo no final da cadeia de ADN nascente (em extensão). O tempo de extensão depende da DNA polimerase utilizada e do comprimento do fragmento de DNA a ser amplificado. A DNA polimerase polimerizará mil bases por minuto à sua temperatura óptima. Em condições óptimas, ou seja, se não existirem limitações devidas à limitação de substratos ou reagentes, em cada passo de extensão, a quantidade de ADN alvo é duplicada, conduzindo a uma amplificação exponencial do fragmento de ADN específico.

➢ **Elongação final:** Este passo único é ocasionalmente efectuado a uma temperatura de 70-74oC durante 5-15 minutos após o último ciclo de PCR para assegurar que qualquer ADN de cadeia simples remanescente é totalmente estendido. Os passos de desnaturação, recozimento e extensão são repetidos 20-30 vezes num termociclador automatizado que pode aquecer e arrefecer a mistura de reação em tubos num espaço de tempo muito curto. Isto resulta numa acumulação exponencial de fragmentos de ADN específicos, cujas extremidades são definidas pelas extremidades 5' dos iniciadores. A duplicação do número de cadeias de ADN correspondentes às sequências-alvo permite-nos estimar a amplificação associada a cada ciclo utilizando a fórmula: Amplificação = 2n, em que n = número de ciclos.

➢ **Retenção final:** Esta fase pode ser utilizada para o armazenamento a curto prazo da mistura de reação a 4°C por um período indefinido.

Fig 2: Processo de amplificação de um determinado modelo de ADN

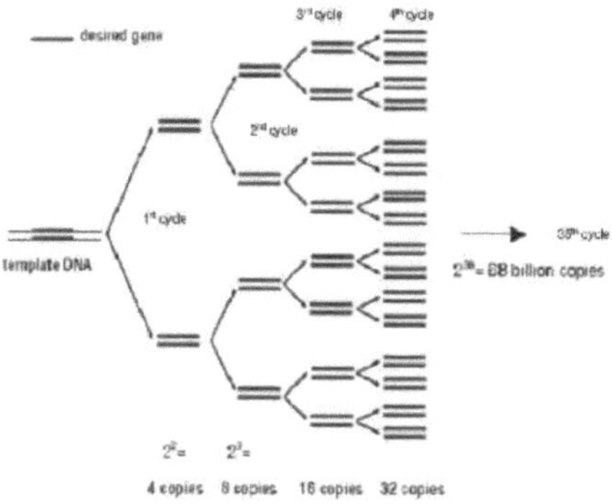

Conteúdo do kit: O kit pode ser utilizado para efetuar a amplificação de um determinado modelo de ADN através de PCR.

Tabela 1: Lista os materiais fornecidos neste kit com a sua quantidade e armazenamento recomendado

Sr.No.	Product Code	Materials Provided	Quantity 10 expts	Storage
1	TKC117	10X Assay Buffer	0.07 ml	-20°C
2	TKC014	Control PCR Product	0.13 ml	-20°C
3	TKC118	2.5 mM dNTP mix	0.07 ml	-20°C
4	*TKC116	I Kb DNA Ladder	0.035 ml	-20°C
5	*TKC017	Forward Primer (10 nM)	0.015 ml	-20°C
6	*TKC018	Reverse Primer (10 nM)	0.015 ml	-20°C
7	*TKC120	Taq DNA Polymerase	0.01 ml	-20°C
8	*TKC022	Template DNA	0.025ml	-20°C
9	ML024	Molecular Biology Grade Water	0.5 ml	R T
10	*TKC119	25 mM MgCl2	0.07 ml	-20°C
11	MB002	Agarose	4.8 g	R T
12	ML016	50X TAE	120 ml	R T
13	ML015	6X Gel Loading Buffer	0.05 ml	-20°C
14	RM1310	Mineral oil (optional)	0.3 ml	R T
15	CG282	Polypropylene Tubes, 0.2 ml (PCR Tubes)	11 NOS	R T

*** Rodar sempre rapidamente o frasco antes de o abrir, pois o material líquido pode aderir à parede ou à tampa do frasco.**

Materiais necessários:

Material de vidro: Proveta, copo

Reagentes: Brometo de etídio (10 mg/ml)

Outros requisitos: Termociclador, aparelho de eletroforese, transiluminador UV, misturador Vortex, micropipetas, pontas, fita adesiva, micro-ondas/placa de aquecimento/queimador, gelo picado

Armazenamento:

Qualquer redução no desempenho. Após a receção, armazenar o Produto de Controlo PCR, 1 Kb DNA Ladder e todos os reagentes PCR a -20°C e o 6X Gel Loading Buffer deve ser armazenado a 2-8oC. Os outros reagentes podem ser armazenados à temperatura ambiente (15-25°C).

Instruções importantes:

- Ler atentamente todo o procedimento antes de iniciar a experiência.
- Manter todas as soluções no frigorífico durante a utilização.
- A escada de ADN de 1 Kb fornecida no kit está pronta a utilizar e pode ser carregada diretamente no gel de agarose.

Procedimento:

1) **Preparação da mistura principal para PCR**

Num tubo PCR, adicionar todos os ingredientes seguintes, por ordem

Sr. No.	Ingredients for PCR	Volume in µl
1	Molecular Biology Grade Water	30.5 µl
2	10X Assay Buffer	5 µl
3	Template DNA	2µl
4	Forward Primer (10 nM)	1µl
5	Reverse Primer (10 nM)	1µl
6	25 mM MgCl2	5 µl
7	2.5 mM dNTP Mix	5 µl
8	Taq DNA Polymerase	0.5 µl
	Total volume	**50** µl

2) Bater no tubo durante 1 a 2 segundos para misturar bem o conteúdo.

3) Adicionar 25 ui de óleo mineral no tubo para evitar a evaporação do conteúdo.

4) Colocar o tubo no bloco do termociclador e definir o programa para obter a amplificação do ADN. NOTA: Não é essencial adicionar óleo mineral se o termociclador estiver equipado com uma tampa de aquecimento.

Ciclo de amplificação PCR:

Efetuar a amplificação num termociclador durante 30 ciclos, utilizando as seguintes condições de

reação.

Initial denaturation at 94°C for 10 minutes

↓

Denaturation at 94°C for 30 seconds

↓

Annealing at 55°C for 30 seconds

→ **30 cycles**

↓

Extension at 72°C for 45 seconds

Final Extension at 72°C for 10 minutes

↓

Final Extension at 72°C for 10 minutes

↓

Cooling at 4oC

Eletroforese em gel de agarose:

Preparação de TAE 1X: Para preparar 500 ml de tampão TAE 1X, adicionar 10 ml de tampão TAE 50X a 490 ml de água destilada estéril*. Misturar bem antes de utilizar.

Preparação do gel de agarose: Para preparar 50 ml de gel de agarose a 0,8%, adicionar 0,4 g de agarose a 50 ml de tampão TAE 1X num copo ou frasco de vidro. Aquecer a mistura num micro-ondas ou num prato quente, agitando ocasionalmente o copo/frasco de vidro, até a agarose se dissolver completamente (assegurar que a tampa do frasco está solta para evitar a acumulação de pressão). Deixar a solução arrefecer até cerca de 55-60oC. Adicionar 0,5pl de brometo de etídio, misturar bem e verter a solução de gel para o tabuleiro de gel. Deixar o gel solidificar durante cerca de 30 minutos à temperatura ambiente.

Carregamento das amostras de ADN: Colocar 3 pl de escada de ADN pronta a utilizar no primeiro poço. Adicionar 2 pl de tampão de carregamento de gel 6X a 10 pl de produto PCR. Colocar as amostras de PCR nos poços seguintes.

Nota: Deve ter-se cuidado ao pipetar o produto da PCR do tubo, de modo a evitar a camada de óleo mineral.

Eletroforese: Ligar o cabo de alimentação à fonte de alimentação electroforética de acordo com as convenções: Nó vermelho e cátodo preto. Eletroforese a 100-120 volts e 90 mA até que os marcadores de corante tenham migrado a uma distância adequada, dependendo do tamanho do ADN a visualizar.

* Recomenda-se água de qualidade para biologia molecular (código do produto: ML024).

Observação e resultado:

Após a conclusão da PCR, efetuar a eletroforese em gel de agarose. Comparar o produto amplificado com o ladder e determinar o seu tamanho.

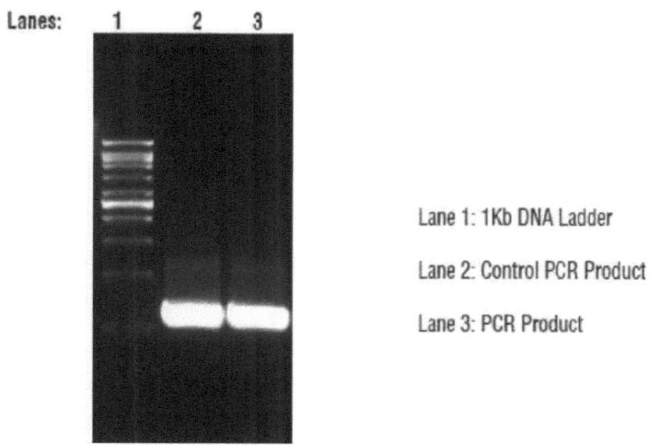

Interpretação:

Depois de realizar a eletroforese em gel de agarose, é possível verificar a amplificação de um produto PCR específico. As condições optimizadas resultam no produto PCR amplificado com o tamanho desejado.

Guia de resolução de problemas:

Sr. No.	Problem	Possible Cause	Solution
1	Non –specific/ spurious bands observed	Template DNA or dNTPs concentration inappropriate	Take the same amount of template DNA and dNTPs as specified in the procedure
		Template DNA damaged	Minimize damage to template DNA by avoiding vortexing or vigourous mixing
2	No or poor amplification yield	Template or dNTPs may be degraded, enzymes may have been inactive	Store the kit at -20°C and avoid repeated freeze thaw. Also keep all the materials in ice while performing the experiment
		Thermoycler operation or program improper	Ensure proper functioning of Thermocycler. Run positive control with every reaction
		Inadequate mixing of the reaction tube	Mix the reaction mixture using a micropipette, avoid air bubble
3	Smearing of the product	DNA degraded	Work in sterile conditions to avoid contamination. Avoid vigorous mixing of the DNA samples
4	Primer-Dimer observed	Concentration of primers and dNTPs may be inappropriate	Use recommended concentration of primers and dNTPs

➢ Kit Didático de Extração de ADN Genómico Bacteriano (Baseado em Coluna)

Objetivo:

Para extrair e analisar o ADN genómico de células bacterianas (utilizando colunas de centrifugação).

Introdução:

O termo bactéria é uma forma plural do latim *bacterium,* que significa "bastão" ou "vara". As bactérias são dos organismos procarióticos mais abundantes e estão presentes na Terra há quase 3,5 mil milhões de anos. Adaptaram-se a mais condições de vida do que qualquer outro grupo de organismos. Habitam o ar, o solo e a água e existem em enorme número na superfície de praticamente todas as plantas e animais. A maior parte da informação genética de uma célula bacteriana (ou procariótica) está contida no cromossoma, onde uma única molécula de ADN está disposta em forma de dupla hélice, geralmente num ciclo fechado. *A Escherichia coli (E. coli)* é uma das bactérias mais comuns. São abundantes no intestino humano e animal e muito fáceis de cultivar em laboratório.

O isolamento do ADN genómico de uma bactéria (*E. coli*) compreende geralmente três fases:

- ➢ Cultivo das células
- ➢ Perturbação para libertar o conteúdo das células

➢ Purificação do ADN.

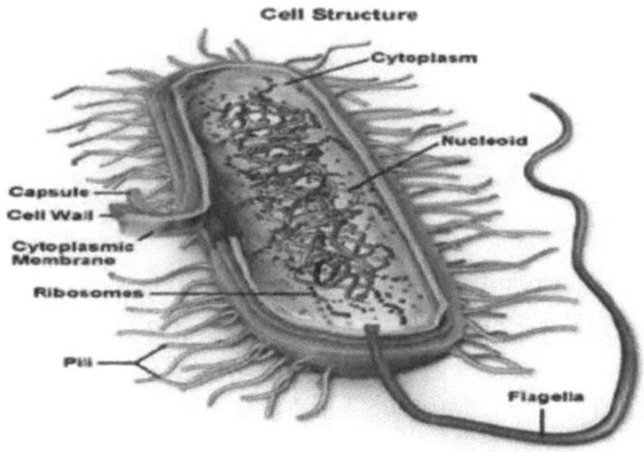

Fig 1: Structure and contents of a typical bacterial cell

O HiPer® Bacterial Genomic DNA Extraction Teaching Kit (Column Based) fornece um método rápido e fácil para a purificação de ADN total para aplicações fiáveis em PCR, rastreio de bibliotecas e sequenciação, etc. É rápido, simples e não contém compostos orgânicos nocivos como o fenol e o clorofórmio.

O procedimento de purificação do ADN utilizando as colunas de spin miniprep é composto por três etapas:

➢ Adsorção do ADN à membrana
➢ Remoção de contaminantes residuais
➢ Eluição do ADN genómico puro

O formato HiElute Miniprep Spin Column permite o processamento rápido de várias amostras. As colunas têm uma elevada capacidade de ligação e obtém-se ADN de alta qualidade.

Princípio:

O kit HiPer® Bacterial Genomic DNA Extraction Teaching simplifica o isolamento de ADN de bactérias através do procedimento de coluna de centrifugação. As células bacterianas são cultivadas no meio até atingirem a fase logarítmica e são colhidas por centrifugação. Após a colheita, a parede celular bacteriana é degradada por digestão e lise com Proteinase K.

Após a lise, permite-se que o ADN se ligue à membrana de sílica-gel da coluna HiElute Miniprep Spin.

A coluna HiElute Miniprep Spin Column elimina a necessidade de precipitação com álcool, resinas dispendiosas e compostos orgânicos nocivos, como o fenol e o clorofórmio, que são utilizados nas técnicas tradicionais de isolamento de ADN. O ADN liga-se especificamente à membrana de sílica-gel avançada, enquanto os contaminantes passam através dela. O ADN adsorvido é lavado para remover vestígios de sais e contaminantes proteicos, resultando na eluição de ADN de elevada qualidade no tampão de eluição fornecido com o kit.

Conteúdo do kit:

O kit pode ser utilizado para extrair ADN genómico de bactérias Gram negativas.

Tabela 1: Lista os materiais fornecidos neste kit com a sua quantidade e armazenamento recomendado

Sr. No.	Product Code	Materials Provided	Quantity 10 expts	Storage
1	TKC011	Control DNA	0.11 ml	-20°C
2	TKC012	Bacterial Cell Pellets	11 Nos.	-20°C
3	DS0015	Lysis Solution I	2.2 ml	R T
4	DS0010	Lysis Solution II	2.4 ml	R T
5	DS0031	Prewash Solution	6 ml	R T
6	DS0012	Wash Solution	6 ml	R T
7	DS0040	Elution Buffer	2.5 ml	R T
8	DS0013	Proteinase K Solution	0.25 ml	-20°C
9	DS0003	RNase A Solution	0.25 ml	R T
10	DBCA02	HiElute™ Miniprep Spin Column (in PW1139 Collection Tube)	11 Nos.	R T
11	PW1139	Collection Tube, Polypropylene (2.0 ml)	22 Nos.	R T
12	MB002	Agarose	4.0 g	R T
13	MI016	50X TAE	120 ml	R T
14	ML015	6X Gel Loading Buffer	0.05 ml	2-8 °C

Materiais necessários:

Artigos de vidro: Frasco cónico, proveta, copo

Reagentes: Etanol (96-100%), brometo de etídio (10 mg/ml)

Outros requisitos: Espectrofotómetro UV, microcentrifugadora de mesa (com rotor para tubos de 2,0 ml), aparelho de eletroforese, incubadora, transiluminador UV, micropipetas, pontas, misturador Vortex, fita adesiva, banho-maria ou bloco de aquecimento, micro-ondas/queimador/placa quente

Armazenamento:

O HiPer® Bacterial Genomic DNA Extraction Teaching Kit é estável durante 6 meses a partir da data de receção, sem apresentar qualquer redução do desempenho. Após a receção, armazenar o ADN de controlo, a proteinase K e os pellets de células bacterianas a -20oC e o 6X Gel Loading Buffer a 2-8oC. Os outros conteúdos do kit podem ser armazenados à temperatura ambiente (15- 25oC).

Instruções importantes:

- Ler atentamente todo o procedimento antes de iniciar a experiência.
- Descongelar todas as amostras refrigeradas antes de as utilizar.
- Pré-aquecer um banho de água ou um bloco de aquecimento a 55oC.
- Misturar bem os reagentes. Examinar as soluções para detetar qualquer tipo de precipitação; se alguma solução (exceto as enzimas) formar um precipitado, aquecer a 55-65oC até que o precipitado se dissolva completamente, deixar arrefecer até à temperatura ambiente antes de utilizar.
- Assegurar que apenas são utilizados tubos eppendorf e pontas limpos e secos para o procedimento.

Procedimento:

Ler as instruções importantes antes de iniciar a experiência.

1. Deixar descongelar o tubo de recolha do pellet de células bacterianas à temperatura ambiente.

2. Ressuspensão do sedimento celular e lise Adicionar 180 pl de solução de lise I e ressuspender o sedimento por pipetagem suave.

3. Adicionar 20 pl de solução de proteinase K ao tubo de recolha acima referido, agitar em vórtice durante 10-15 segundos e incubar durante 30 minutos a 55oC.

4. Adicionar 20 pl de solução de RNase A ao tubo de recolha acima referido, agitar em vórtice durante 10-15 segundos e incubar durante 5 minutos à temperatura ambiente (15-25DC).

NOTA: Este passo ajuda a obter ADN genómico sem ARN.

5. Adicionar 200 pl de solução de lise II, agitar bem durante cerca de 15 segundos e incubar a 55oC durante 10 minutos.

NOTA: Uma mistura homogénea é essencial para uma lise eficiente.

6. Preparar a aglutinação Adicionar 200 pl de etanol (95-100%) ao lisado e misturar bem por pipetagem suave.

NOTA: Pode formar-se um precipitado branco com a adição de etanol. Este precipitado não interfere com o procedimento de isolamento do ADN nem com qualquer aplicação subsequente. É essencial aplicar todo o precipitado na coluna HiElute Miniprep Spin.

7. Carregar o lisado para a coluna HiElute **Miniprep Spin Column** Transferir todo o lisado obtido na etapa 5 para a coluna HiElute Miniprep Spin Column para ligação do ADN. Centrifugar a 10.000 rpm durante 1 minuto. Deitar fora o líquido de escoamento e colocar a coluna de centrifugação no mesmo tubo de recolha de 2,0 ml.

NOTA: Utilizar uma ponta de pipeta de diâmetro largo para reduzir o cisalhamento do ADN durante a transferência do conteúdo para a coluna. Se a solução não tiver passado completamente através da membrana, centrifugar novamente a 13.000 rpm até que toda a solução tenha passado. A centrifugação a alta velocidade não afectará o rendimento ou a pureza do ADN.

8. Pré-lavagem Adicionar 500 pl de Prewash Solution (solução de pré-lavagem) à coluna HiElute Miniprep Spin e centrifugar a 10.000 rpm durante 1 minuto. Deitar fora o líquido de escoamento e reutilizar o mesmo tubo de colheita com a coluna.

9. Lavagem Adicionar 500 pl de Solução de Lavagem à coluna e centrifugar durante 3 minutos a 14.000 rpm para secar a coluna. Eliminar o fluxo e colocar a coluna no mesmo tubo de recolha. Centrifugar a coluna durante mais 1 minuto a 14.000 rpm para remover os vestígios de Wash Solution.

10. Eluição do ADN Pipetar 200 pl do tampão de eluição diretamente para a coluna sem derramar para os lados. Incubar durante 1 minuto à temperatura ambiente. Centrifugar a 10.000 rpm durante 1 minuto para eluir o ADN.

NOTA: Para aumentar a eficiência da eluição, incubar durante 5 minutos à temperatura ambiente depois de adicionar o tampão de eluição e centrifugar. A eluição com volumes inferiores a 200 pl aumenta significativamente a concentração final de ADN no eluato, mas reduz ligeiramente o rendimento global de ADN. O armazenamento do ADN em água pode causar hidrólise ácida.

Armazenamento do eluato com ADN purificado: O eluato contém ADN genómico puro. Para a conservação a curto prazo (24-48 horas) do ADN, recomenda-se a temperatura de 2-8oC. Para armazenamento a longo prazo, recomenda-se uma temperatura de -20oC ou inferior (-80oC). Evitar a congelação e descongelação repetidas da amostra, o que pode causar a desnaturação do ADN. O tampão de eluição ajudará a estabilizar o ADN a estas temperaturas.

Eletroforese em gel de agarose:

Preparação de TAE 1X: Para preparar 500 ml de tampão TAE 1X, adicionar 10 ml de tampão TAE 50X a 490 ml de água destilada estéril*. Misturar bem antes de utilizar.

Preparação do gel de agarose: Para preparar 50 ml de gel de agarose a 0,8%, adicionar 0,4 g de agarose a 50 ml de tampão TAE 1X num copo ou frasco de vidro. Aquecer a mistura num micro-ondas ou num prato quente, agitando ocasionalmente o copo/frasco de vidro, até a agarose se dissolver completamente (assegurar que a tampa do frasco está solta para evitar a acumulação de pressão). Deixar a solução arrefecer até cerca de 55-60oC. Adicionar 0,5pl de brometo de etídio, misturar bem e verter a solução de gel para o tabuleiro de gel. Deixar o gel solidificar durante cerca de 30 minutos à temperatura ambiente.

NOTA: O brometo de etídio é um poderoso mutagénico e é muito tóxico. Devem ser tomadas as devidas precauções de segurança, utilizando luvas de látex; no entanto, recomenda-se a utilização de luvas de nitrilo.

Carregamento das amostras de ADN: Para preparar a amostra para eletroforese, adicionar 2 pl de tampão de carregamento de gel 6X a 10 pl de amostra de ADN. Misturar bem com uma pipeta e carregar a amostra no poço. Carregar o ADN de controlo após a extração da amostra de ADN.

Eletroforese: Ligar o cabo de alimentação à fonte de alimentação electroforética de acordo com as convenções: Nó vermelho e cátodo preto. Eletroforese a 100-120 volts e 90 mA até que os marcadores de corante tenham migrado uma distância adequada, dependendo do tamanho do ADN a visualizar.

* Recomenda-se a utilização de água de qualidade para biologia molecular (código do produto: ML024).

Quantificação do ADN: A análise espectrofotométrica e a eletroforese em gel de agarose revelarão a concentração e a pureza do ADN genómico. Utilizar o tampão de eluição para diluir as amostras e, para calibrar o espetrofotómetro, medir a absorvância a 260 nm, 280 nm e 320 nm utilizando uma microcuvette de quartzo. As leituras de absorvância a 260 nm devem situar-se entre 0,1 e 1,0. A absorvância a 320 nm é utilizada para corrigir a absorvância de fundo. A pureza é determinada calculando a razão entre a absorvância a 260 nm e a absorvância a 280 nm.

Concentração da amostra de ADN (pg/ml) = 50 x A260 x fator de diluição.

Flowchart:

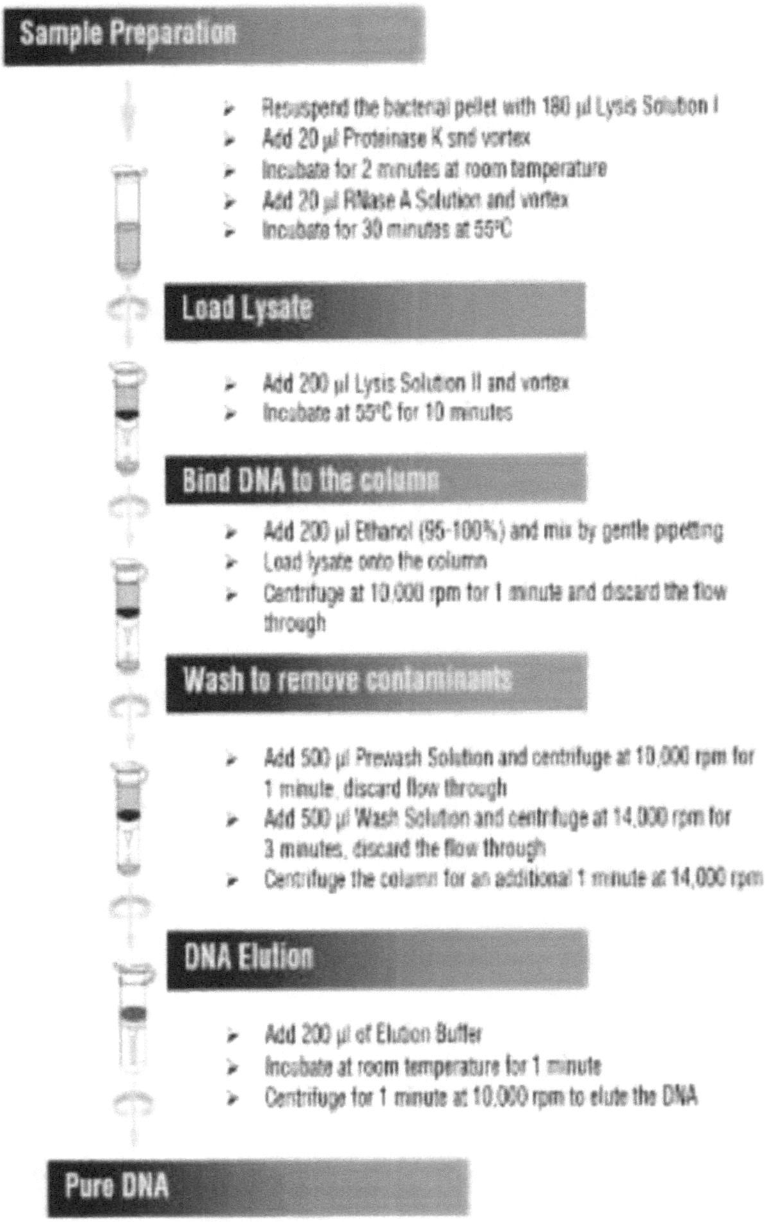
Sample Preparation
Resuspend the bacterial pellet with 180 µl Lysis Solution I
Add 20 µl Proteinase K snd vortex
Incubate for 2 minutes at room temperature
Add 20 µl RNase A Solution and vortex
Incubate for 30 minutes at 55°C
Load Lysate
Add 200 µl Lysis Solution II and vortex
Incubate at 55°C for 10 minutes
Bind DNA to the column
Add 200 µl Ethanol (95-100%) and mix by gentle pipetting
Load lysate onto the column
Centrifuge at 10,000 rpm for 1 minute and discard the flow through
Wash to remove contaminants
Add 500 µl Prewash Solution and centrifuge at 10,000 rpm for 1 minute, discard flow through
Add 500 µl Wash Solution and centrifuge at 14,000 rpm for 3 minutes, discard the flow through
Centrifuge the column for an additional 1 minute at 14,000 rpm
DNA Elution
Add 200 µl of Elution Buffer
Incubate at room temperature for 1 minute
Centrifuge for 1 minute at 10,000 rpm to elute the DNA
Pure DNA

Observação e resultado:

Efetuar a eletroforese em gel de agarose. Visualizar as bandas de ADN utilizando UV Transiluminador e calcular o rendimento e a pureza utilizando o espetrofotómetro UV

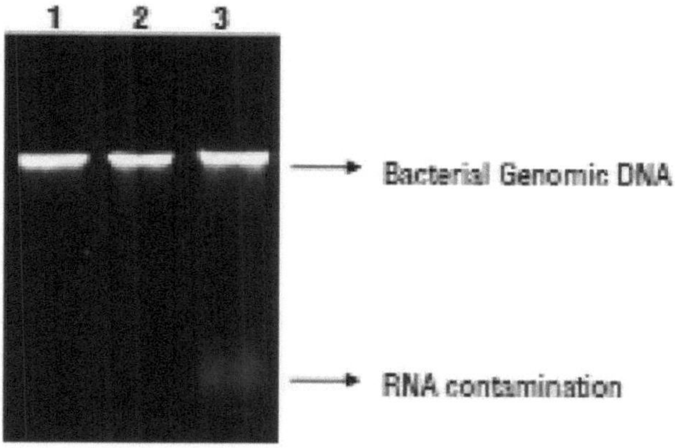

Fig 2: Gel picture of isolated bacterial genomic DNA

Pista 1: ADN de controlo

Faixa 2: ADN genómico bacteriano extraído

Pista 3: ADN genómico bacteriano com contaminação por ARN

Quadro 2: Absorvância do ADN plasmídico extraído a 260 nm e 280 nm

Sample	**Dilution Factor**	**A260**	**A280**	**A260/A280**	**Concentration (µg/ml)**
1					
2					
3					

Calcular a concentração do ADN isolado utilizando a seguinte fórmula:

Concentração da amostra de ADN (pg/ml) = 50 x A260 x fator de diluição

Interpretação:

Os dados das linhas 1 e 2 demonstram que foi obtido ADN genómico bacteriano altamente purificado, sem contaminação visível por ARN, quando electroforeseado em gel de agarose. Se houvesse contaminação por ARN, ver-se-ia uma banda de ARN ténue e esborratada por baixo do ADN genómico, como se vê na linha 3, uma vez que o ARN, sendo de menor peso molecular, corre mais rapidamente do que o ADN genómico. A contaminação por ARN é observada quando o tratamento com RNase não foi efectuado corretamente.

Uma absorvância de 1,0 a 260 nm corresponde a aproximadamente 50 pg/ml de ADN. Se o rácio A260/A280 for de 1,6 a 1,9, a amostra de ADN isolada é considerada pura. Se for observada uma relação A260/A280 mais elevada, isso indica a possibilidade de contaminação com ARN.

Guia de resolução de problemas:

Sr. No.	Problem	Possible Cause	Solution
1	Poor / Lower yield of genomic DNA	Incomplete lysis of cells	The sample and the lysis solution should be mixed thoroughly by pulse-vortexing
		Lysate/Ethanol mixture is not homogenous	Vortex the tubes for at least 5-10 seconds in order to obtain a homogenous solution before applying it to the column
		DNA Elution is incomplete. Eluate contains residual ethanol from the wash	DNA yield can be improved by incubating the Elution Buffer for 5 minutes at room temperature (15 25□C) after it is added to the column. Ethanol

			from the final wash should be eliminated completely before eluting DNA. Spin the tubes for longer time to remove the traces of ethanol from the column completely
2	Purity of the DNA is lower than expected; A260/A280 ratio is too high	RNA contamination	Ensure that the sample is properly mixed after adding of RNase A Solution
3	Shearing of DNA	Improper handling of genomic DNA	All pipetting steps should be executed as gently as possible. Wide orifice pipette tips are recommended to eliminate shearing of the DNA to a large extent
4	Downstream applications are inhibited	Traces of Wash Solution present in the final genomic DNA preparation	Spin the column for additional 1 minute at 14000 rpm after the final wash step

MIX
Papier aus verantwortungsvollen Quellen
Paper from responsible sources
FSC® C105338

Printed by Books on Demand GmbH, Norderstedt / Germany